Stereorama heißt eine Ueberschau (ὄραμα) in fester Masse (στερεός heißt kompact, von fester Cohäsion und Körperlichkeit, daher Stereometrie). S. die Beurtheilung im Artistischen Notizenblatte Nr. 11. im Juni 1824 von dem berühmten Kunstkenner Herrn Hofrath Böttiger in Dresden.

Vorwort.

Zu meinen bisherigen erdkundlichen Arbeiten in erhabener Papiermasse, (Erdbällen von 16 und 26 Zollen Durchmesser, und der Karte von Deutschland), füge ich hiermit eine neue Darstellung, die wie ich mir schmeichle, allen Freunden der Erdkunde und ihres Unterrichtes, so wie allen Kennern der dargestellten Gegend willkommen sein wird. Es ist, wie der Titel schon besagt, die Darstellung des Chamounithals, der Montblanckette und Umgegend. Wer diese Gegenden auch bloß zum Vergnügen bereiste wird in meiner Darstellung treue und naturgemäße Nachbildungen dieses herrlichen Hochgebirges nicht ohne Interesse wiederfinden; noch mehr muß dem Lehrer der Erdkunde eine solche ins Einzelne eingehende genaue Darstellung aller Eigenthümlichkeiten der Gebirgs- und Thalgebilde für die Erweckung lebendiger Anschauung seiner Schüler willkommen sein. Ich kann mich über den Umfang und Gehalt dieser meiner neuen Arbeit in diesem Vorworte um so kürzer fassen, als die nachfolgende Beschreibung derselben in diesem Werkchen genaueste Auskunft darüber giebt und jene zu einem lebendigen Gemälde durch die gelungene Schilderung umgestaltet.

Diese Beschreibung verdanke ich aber der besonderen Gefälligkeit und Theilnahme unsers beliebtesten und größten Geographen hieselbst, der sich gerade in jener Gegend längere Zeit aufhielt. Sein Gemälde ist daher, wie auf den gründlichsten Naturforschungen beruhend, so auch ein lebendiges und wahrhaftiges Abbild jener großartigen Wirklichkeit, zu welcher so viele wallfahrten. Ich spreche dem hochverehrten würdigen Mann für seine belehrende und meine Arbeit ehrende Theilnahme hier nochmals meinen aufrichtigen Dank aus.

Obschon übrigens eine solche ins Einzelne gehende größere Darstellung einer solchen Höhen- und tiefenreichen Gebirgsgegend unendlich mehr Schwierigkeit der Darstellung in sich trägt und mit sich führt, so ist mir dennoch gelungen, sie aus derselbigen leichten unzerbrechlichen Papiermasse anzufertigen, wodurch meine bisherigen Karten und Kugeln — nur einen Vorzug herauszuheben — so bequem und sicher versendet werden konnten.

Die Wahrheit der Darstellung nach den genauesten wissenschaftlichen Forschungen, Höhenmessungen u. s. w., kann ich nach Anleitung eines trefflichen Meisters, dem ich größtentheils mit größter Treue gefolgt bin, in weit höherm Grade verbürgen als in meinem Relief von Deutschland, da hier ganz andere Vorlagen zu Gebote standen und der Maßstab, wie der Umfang der Darstellnng eines viel beschränkteren Landtheils eine viel treuere Annäherung und Genauigkeit zuließ. Eine nenbearbeitete Ausgabe meines Reliefs von Deutschland wird indeß auch in einem solchen Generalblatte zeigen, welcher Verbesserung diese Darstellung durch den Fortschritt der wissenschaftlichen Bestimmungen immer mehr und mehr fähig ist.

Nachträglich bemerke ich hier, daß auch die Flüsse auf dem Gebilde gleichfalls mit laufenden

Nummern bezeichnet sind, und zwar auf blaßrothen Zettelchen, um Verwirrungen mit den übrigen Zahlen vorzubeugen. Die Erklärung der Zahlen gewährt übrigens der Anhang. Die Färbung des Reliefs erklärt sich von selbst: Matten sind grün, Laubholz hellgrün aufgesetzt; Nadelholz dunkelgrün; nackte und mit Flechten überzogene Felswände und Gipfel grau und braun, die Schneefelder weiß, die Glätscher bläuliche Cristalltrümmer, die Wege orange, v. Saussure's Wege roth punctirt, Flüsse und Seen blau.

Schließlich kann ich, bei dieser Gelegenheit, allen Theilnehmern die Versicherung geben, daß ich, wie früher mit meinem Deutschland, fortwährend bemüht bin, von sämmtlichen Ländern in bestimmten Abschnitten Hochkarten, zu liefern, alle nach einem Maaßstab, wovon nächstens Frankreich in $\frac{2}{1000000}$, nach der so vorzüglich gelungenen Ausführung der von vielen Sachkennern anerkannt schönen Karte unsers beliebten Kartenzeichners Herrn Berghaus zuerst erscheinen wird.

In derselben Art werde ich ferner auch Deutschland ausführlich nach großem Maßstabe darstellen, gleichfalls in mehrern bedeutenden Abtheilungen; wovon der Harz jetzt den Anfang macht.

Daran reihet sich eine dritte Arbeit der Art, aus derselben unzerbrechlichen Papiermasse. — Darstellungen der Militair-Gebirgshöhen zum Behuf der militairisch topographischen Aufnahme von Höhen and Vertiefungen des Erdgebäudes, in der Art wie früher in schwerem zerbrechlichen Gips, zu Lehmanns trefflichen Werke (die Lehre der Situation-Zeichnung oder Anweisung zum richtigen Erkennen und genauen Abbilden der Erd-Oberfläche mit 17 Kupfertafeln in einem Bande) erschienen, aber in vermehrter Anzahl und Ausgabe, mit erläuternden Text.

Endlich ist bereits fertig geworden eine kleine gleichfalls aus obiger Masse erhaben gearbeitete Erdkugel von 2½ Zoll Durchmesser, zugleich zu meinen Planetarium bestimmt, aber auch an sich sehr zweckdienlich zum Grundunterricht über die Gestaltung und Bildung der Erdkugel.

So schließe ich mit dem Wunsche, daß alle diese, mit so mannigfaltigen Schwierigkeiten verbundenen

Arbeiten den Beifall anderer Kenner erlangen werden, wie sie die lebhafteste Theilnahme mehrerer ausgezeichneter Freunde und Kenner der Wissenschaft gewonnen haben. Das wird mir die schönste Belohnung der vielen zu überwindenden Mühe sein.

K. W. Kummer.

Das

Das Montblanc-Gebirge.

Die mächtige Gruppe des Montblanc-Gebirges mit ihren Nachbar-Gruppen des schneereichen Buet in N. W., und des berühmten großen St. Bernhards-Berges in S. O., liegen mit ihren großen und kleinen Zwischenthälern vor uns in diesem halb erhabenen getreuen Abbilde, zur anschaulichen Uebersicht des großen Reichthums ihrer Natur-Verhältnisse und Naturschönheiten. Der Wanderer, der fast überall nur in den Labyrinthen der tiefen Thalschluchten und am Fuße der majestätisch emporragenden Felswände, der Waldgehänge, der Eis- und Schneefelder mühsam umhersteigen kann, gelangt nicht so leicht wie hier auf diesem kleinen Raume, sondern gewöhnlich gar nicht, öfters nur erst nach vielfältigen Anstrengungen zur Orientirung in dieser neuen Welt, der keine andere, in Europa wenigstens, gleich ist. Wenn er hie und da einige der größten Höhen erklimmt, und von diesen, wenn ihn ein wolkenfreier, blauer Himmel nach oben begünstigt, und auch kein Nebelschleier die dunkeln schwarzgrünen Tiefen deckt, die Anordnung der tausendartig gestalteten Rücken, Gipfel und Spitzen, wie die Verzweigung eben so zahlreicher und jenen Höhen entsprechender Tiefen, Thäler, Abstürze, Schluchten aufmerksam verfolgt, so lernt er allerdings ein naturgetreues, großes Abbild dieser außerordentlichen Erscheinungen in sich aufnehmen. Einzelnheiten werden wiederum von jedem veränderten Standpuncte nach Höhe und Tiefe, Länge und Breite vielfach verändert, perspectivisch gestellt, coulissenartig verschoben, anders gruppirt. Vorderes wird vorgestellt oder zugedeckt; Hinteres verschwindet oder steigt höher und höher auf. Jede Viertelstunde entwickelt sich ein anderer Schauplatz für den erregten Blick des Fortschreitenden und das in der Tiefe scheinbar Bekannte wird durch eine Metamorphose, die unter dem Auge des Wanderers vorgeht, zum neuen Unbekannten; über den bekannten, nahen, dunkeln Gebirgswänden steigen dagegen immer neue, unbekannte lichte Gestalten erhabener Fels- und Eishörner hervor, die mit ihrem Scheitel das Himmelsgewölbe zu berühren scheinen, und erst nach und nach zu befreundeten Führern werden, die den verlassenen Gebirgswanderer in der feierlichsten Stille und Einsamkeit, auf dem erhabensten Rücken der Erde, den Weg zeigen, wie etwa dem Schiffer des Oceans die Sternbilder und der Polarstern, wenn der Alpenwanderer die Stellung seiner erhabensten Schneegipfel mit dem Mondscheinglanz, vor allen die des Montblancs, gegen die andern hellglänzenden Erdzinnen zu vergleichen, und seine Stellung nach ihrer Lage zu beurtheilen gelernt hat.

Die naturgetreue Abbildung solcher Verhältnisse, die keine Imagination ersetzen kann, zu der keine Landkarte verhilft, ist dankenswerth; sie ist hier nach vielen Versuchen wieder versucht, und zum erstenmale mit der steilen italienischen Südseite des Gebirgsstocks innerhalb derjenigen Schranken, die ein so Kleines im Gegensatz eines so Großen, von selbst auflegt; aber mit einer Genauigkeit, die in vieler Hinsicht sehr belehrend, wenn auch nicht in jeder Hinsicht befriedigend (man bedenke was dazu gehört) genannt werden kann; jedoch vollkommen hinreichend, um eine vorläufige, vertrautere Bekanntschaft mit der äußern Gestaltung einer der interessantesten Stellen der äußern Schaale unsers Erdplaneten anzuknüpfen.

Das Alpengebirge, das mit seinem Stamm und seinen Gliedern dem centralen Europa das Wesen seiner Oberflächen-Gestaltung gibt, füllt von dem Rhein bis zur Donau bei Wien eine Gebirgszone, von W. nach O., von mehr als 150 g. Meilen Länge, und von S. nach N. von 30 bis 50 g. Meilen Breite, ein Gebirgsland der merkwürdigsten Art, von mehr als 6000 Quadratmeilen Inhalt.

Von dieser großen Ausdehnung nimmt der vorliegende Abschnitt, in Relief-Gestalt, nur etwa den 200sten Theil ein, wenn wir seinen Oberflächenraum auch gegen 30 Quadratmeilen ausdehnen, also nur einen sehr kleinen, jedoch denjenigen Theil, der sich aus diesem Umfange am höchsten erhebt, bis etwa zu 14500 Fuß in seiner höchsten Spitze, und auf diesem Raume die großartigsten Formen aller Erdgestaltungen darbietet.

Der beigefügte Maaßstab zeigt die nähern Verhältnisse seiner Raumausdehnung, bei welchem nur zu bemerken ist, daß der Horizontalmaaßstab $\frac{1}{81000}$, der Höhenmaaßstab aber $\frac{1}{62500}$ der Natur beträgt, die Höhendimensionen sich also zur Horizontalausdehnung, auf dem Relief, wie 9 zu 7 verhalten.

Dieser Gebirgsabschnitt liegt im Süden des Genfer Sees, zwischen Frankreich in W. und S., Italien in S. O. und O., und der Schweiz in N. und N. O. Er bildet durch seine Unzugänglichkeit einen natürlichen, gewaltigen Grenzstein zwischen jenen Ländern und deren Bewohnern, die im N. W. seines Hauptzweiges französisch, im S. O. desselben italienisch, und ihm im Osten, gegen das Wallis hin, die deutsche Sprache reden. Auf gleiche Weise scheidet er, wie die Menschen und Staaten nach Sprachen und politischen Interessen, so auch seine stillern, vegetativen Bewohner in verschiedene Floren, weil er die Winde der Wolkenschichten des niedern und mittlern Dunstkreises durchbricht, in die höhere Aetherregion aufragt, und den verschiedenen Weltgegenden durch seine Steilwände und geneigten Flächen, an denen die Luftschichten mannigfaltig auf- und abspielen, auch andere Wetterseiten zukehrt, ihnen andere Temperaturen, andere Luft- und Wolkenflotten zusendet, andere Genüsse spendet, und ihnen andere Keime entwickeln hilft, andere Floren erblühen macht, und die Monatszeiten und Jahreszeiten mannigfaltig modificirt, bis auf weiteste Fernen hin.

Den größten Theil des Reliefs nehmen die Gebirgslandschaften des Königreichs Sardinien ein, welche im N. W. des Hauptzweiges der Montblanckette zu dem alten Herzogthum Savoyen gehören, im S. O. desselben zum Fürstenthum Piemont; dort sind Savoyarden, hier Piemonteser die Bewohner der höchsten Alpenhöhen Europas. Die nordöstliche Ecke dagegen, gehört dem Canton Wallis zu, vom großen St. Bernhardsberge in einer schrägen Richtung gegen N. W. N., auf dem Rücken der Wasserscheidelinie hin, welche ihre strömenden Schnee- und Eiswasser gegen O. zum Thale der obern Rhone sendet, deren Flußbette, im untern Wallis, noch auf dem Relief an der Stelle zu sehen ist, wo sie bei Martinach, plötzlich senkrecht im Knie eines fast rechten Winkels von Ost gegen den Nord, wendet, um ihre wildzerstörenden Fluthen in das südöstliche Horn des klaren seladongrünen Genfersees zu ergießen, der diese ganze Gebirgslandschaft gegen N. in halbmondförmiger Gestalt reizend und lieblich umlagert.

Der von S.W. gegen N.O. streichende, schneebeladne Alpenstock des Montblancgebirges, welcher hier in dem Relief als Hauptgruppe erscheint, scheidet in einer Länge von etwa 5 Meilen die Piemontesische Provinz Aosta im Süden, von der Savoyischen Provinz Faucigny im Norden. Seine hohen Schneefelder und Gebirgsjoche senden, gegen Süden durch die Doire, Dora Baltea alle Wasser dem Stromgebiete des Pothales entgegen, das durch die Lombardei dem adriatischen Meere zueilt, gegen Norden aber dem Stromgebiete der Rhone, die den Jura durchbricht, und nach dem südlichen Frankreich eilt. Doch ehe sie dahin geht, sammeln sich ihre Wasser erst noch auf der Grenze der Schweiz und Savoyens, im weiten Becken des Genfer-Sees, zum klaren ruhigen Wasserspiegel, und ziehen in ihrer wildstürmenden Gewalt, etwas gebändigt im tiefen Becken des Sees, dessen Grund fast zum Niveau der Nord- und Ost-See hinabfällt (gegen 1000 Fuß), dann erst, unterhalb Genf, weiter gegen den Westen hin. Die Wasser der Nordseite der Montblanckette folgen daher einer doppelten Senkung, gegen N. O. zum obern Rhonethal, oberhalb des Genfer-Sees, oder nach dem Wallis hin, und zum mittlern Rhonethal, unterhalb des Genfer-Sees, wohin der Hauptstrom der Montblancgewässer, nemlich die Arve aus dem Chamouny-Thale mit ihrem ganzen Geäder ihren Abzug nimmt.

Aus drei verschiedenen tiefen, reichbewohnten, längstbekannten Thälern, kann daher die Wanderung aufwärts unternommen werden, zu dem minderbekannten Gebirgsstock der Montblanckette:

1) Von der Lombardei aus, durch das Doire-Thal über die Stadt Aosta, längs dem Flusse nach dem Städtchen Courmajeur (Cormaggiore), das (No. 57) von dieser Seite her, der erste Ort des Reliefs ist,

von Süden den Eingang zu dem furchtbar wilden Längenthale bildet, das 10 bis 11 Stunden lang an dem steilen Südgehänge des Montblanczuges im Parallelismus mit dessen Streichen von S. W. gegen N. O. hinzieht, und in zwei Armen, unter den Namen der Allée-Blanche gegen Westen bis zum Col de la Seigne (No. 13) wie das Val de Ferret gegen Osten, bis zum Col de Ferret (No. 93) hin, bekannt ist, das auch von dem Dorfe Entrèves (No. 60), das an seinem Ausgange im Zusammenstoß mit der Allée Blanche liegt, den Namen Val d'Entrèves führt.

2) Vom untern Wallis aus, indem man auf der Simplonstraße von Mailand oder vom Sanct-Gotthard und dem obern Walliser-Lande herabkommend, das Rhoneufer zur Rechten habend, sich über das Dorf Scharra (No. 126, das erste von Osten herkommend, das auf dem Relief angegeben ist) dem großen Marktorte Martinach (Martigny, No. 123) nähert; oder vom Norden kommend, aus dem Canton Bern und dem Waadtland über Lausanne, Vevay, Bex, St. Maurice die Rhone aufwärts geht, und auf dieser Straße zuerst (bei No. 130) im Dorfe Vernoya den Boden unsers Reliefs betritt, um ebenfalls nach Martinach zu gelangen. Von diesem stark besuchten Marktflecken, am Einfluß der reißenden Dranse, die vom Paß des großen St. Bernhardsberges (No. 102) herabkommt, führt ein Gebirgspfad über den Col de Trient (No. 131) zum Dorf Trient (No. 132) hinab, und aus dessen Thalsenkung auf doppeltem Wege, entweder rechts über den Bergpaß der Tête Noire (No. 133) zum Trientbache und über das Dorf Valorsine in das Chamounythal, oder, ohne dem Wasserlaufe zu folgen, geradezu aufwärts über grüne Alpenweiden und die kahlen Höhen des Col de Balme (No. 89) zu der Quelle der Arve, und bald darauf zum Dörfchen La Tour

(No. 87), von wo der rasende Wildbach der Arve nun in das Thal von Chamouny gegen Westen hinabfährt.

3) Der dritte Eingang von Westen her, ist bei weitem der bequemste, der besuchteste und bekannteste. Er führt von Genf aus immer im Thal der dort sehr mächtigen Arve, dieses eiskalten, grauen, reißenden Gletscherwassers, aufwärts über die Städtchen Bonneville und Cluses, in Unter-Faucigny, und berührt bei dem Dörfchen Maglans (No. 1) zum erstenmale den Boden unsers Reliefs. Von da folgt der Weg immer den Windungen der Arve, führt über die Brücke von St. Martin (No. 6) nach Sallanche (No. 7), dem Hauptorte im obern Faucigny, von wo der Thalweg durch mancherlei Windungen, zunächst durch die Felsengen bei dem Dorfe Les Ouches (No. 36) zu dem erhabenen und berühmt gewordenen Hoch-Thale von Chamouny führt, das seine Hauptrichtung von da im Streichen der Montblanckette von S. W. gegen N. O. hat, etwa 5 bis 6 Stunden lang bis zum Col de Balme, also ein Längenthal am Nordgehänge bildet, wie jene Allee Blanche am Südgehänge des Alpenstocks, welches also die zwei tiefsten, unter sich parallelen Thäler, zu beiden Seiten des erhabensten Gebirgszuges von Europa sind. Vom Dorfe Chamouny (Chamonix No. 74) oder dem Kirchspiel der Hauptgemeinde, Prieuré de Chamouny, das ungefähr in der Mitte des Thals zunächst am Fuße der erhabensten Schneepyramide des Montblanc selbst liegt, hat das ganze, von der obern Arve durchflossene Thal den Namen erhalten.

Ist man auf diesen dreierlei Wegen an den Fuß des am höchsten aufsteigenden Alpengebirgsstocks angelangt, so beginnt nun erst die Gebirgswanderung in eine neue Welt, welches der tausendartig zersplitterte Felsrücken des Hochgebirges mit seinen Gehängen darbietet. Doch vorher muß man mit seinen Hauptthei-len bekannt sein, um sich nicht ganz auf den einförmigen Schneefeldern oder in dem Schluchtenlabyrinthe zu verirren, von dem der kleine Mensch zwischen diesen himmelhochaufsteigenden Pyramiden, Kegeln und Nadelspitzen (Aiguilles) auf allen Seiten umragt wird. Die Hauptmasse der Montblanckette nimmt eine Länge von 15 bis 18 Stunden in mäßig gekrümmter Linie von S. W. gegen N. O. ein, und hat ihre größere Breite von 6 bis 7 Stunden gegen Westen, wo ihr Fuß von dem Thale Mont-Joie (Vallée de Mont-Ioie, d. Mont-Jovis), welches vom Paß des Bonhomme No. 12 herabkommt, begrenzt wird, das von S. gegen N. unterhalb des Badeorts St. Gervais (No. 23) sich mit seinem Gletscherwasser, dem Bon-Nant, zur Arve einmündet. Gegen N. und S. sind die beiden genannten, großen Längenthäler die natürlichen Begrenzungen des Alpenstocks; aus deren östlichen Enden, der Col de Balme (No. 89) auf dem angezeigten Wege am Nordabhange hinausführt, unmittelbar zum Rhonethal, der Col de Ferret am Südabhange (No. 93) aber nur mittelbar, indem dieser Paß durch das Walliser Val de Ferret, das sich gegen Norden hinabsenkt, an dessen Gletscherwasser, einem linken Zubache der Dranse, in die es sich bei Orsières (No. 115) ergießt, hinausführt, gegen Osten zum Rhonethal, wo hinwärts das tiefe Dransethal über St. Branchier (No. 117) bis zur Dranse-Brücke (Pont de la Dranse No. 121) bei Martinach (No. 123), den östlichen Fuß des Alpenstocks umspült.

Reichte das Relief, gegen S. W. nur um ein Geringes weiter, so würde sich auch dahinwärts zeigen, daß die große Hauptmasse des Montblancstocks, wie eine gewaltige Eis- und Schneeinsel, eher einem Stück Grönlands, Spitzbergens oder Nowaja Semlja's vergleichbar, ganz isolirt emporhebt und da liegt abgeschnitten durch Tiefthäler, ohne Zusammenhang erhabener Gipfelreihen mit den übrigen Hochgebirgsketten, sondern nur in Verbindung mit ihnen durch untergeordneten Höhenzusammenhang der bequem zu erreichenden Pässe oder sogenannten Cols (wie der Col de Balme, de Ferret, de la Seigne) von problematischem Bau, der aus dem alpinen Character splittriger Felsbildung ganz heraustritt, und von Matten in Wellenlinien und sanftern Wölbungen überzogen wird, die wenigstens im Sommer grünen und mit der Alpenflora geschmückt sind. Leider zeigt das Relief gegen S. W. das Ende der Montblanc-Felskette nicht weiter, als bis zum Col de la Seigne (No. 13), der aus dem obern Thale der Allée Blanche (No. 48) vom See Combal (No. 49) gegen Westen in die Savoyische Provinz Tarentaise führt, durch welche die Wasser von der Westseite dieses Col, der Isère nach Frankreich zuströmen. Doch ist noch etwas weiter westwärts, der gefährliche Gebirgspfad Col des Fours über Felsgrat und Schneefeld angegeben, den nur Gemsjäger aus der obern Tarentaise nordwärts vom Gletscher von Trelautai (No. 14) vorüber zuweilen nehmen, um bei ihren Jagdfahrten gegen Norden in das Mont-Jole-Thal zurückzukehren. Ganz diesem ähnlich, doch etwas bequemer, setzt, keine volle Stunde weiter gegen Westen, der Col de Bonhomme über denselben Rückgrat der Penninischen Felskette, die hier ihre äußersten Ausläufer vorschiebt gegen die Grajischen Alpen, über welche zunächst die merkwürdige Passage des kleinen St. Bernhardsberges führt. Diese liegt nur wenige Stunden gerade südwärts von Col de la Seigne; sie ist auf dem Relief nicht mehr sichtbar, aber leicht ihre Lage denkbar. Denn von Cormajeur (No. 57) zieht sich längs dem Südabhang der steilen Bergkette der Cramont (Cremonis Jugum des Coelius Antipater, No. 55) im Parallelismus mit der Allée Blanche, an dessen Südgehänge gegen Westen hin, ein Längenthal, über das Bad St. Didier und das Gebirgsdorf la Tuile, nur sanfter und weniger hoch aufsteigend, bis zu der Hochebene des kleinen St. Bernhardspasses mit dem Eissee und einem Kranze großer Felsstücke, dem Kreise Hannibals (Cercle d'Hannibal, nach der Volkssage die Stelle des Kriegsraths im Lagerorte des Karthagerheeres), an deren Ostseite ein kleines Haus zur Aufnahme der Reisenden liegt, das Hospiz des kleinen St. Bernhards, vom Kloster des großen St. Bernhards-Berges gestiftet, das von zwei Männern zur Sommers- und Winterszeit bewohnt wird. Nur eine Viertelstunde im Osten dieses Hospitiums, steht tief in die Erde eingesenkt der Rest der Colonne de Joux (Columna Jovis) der Jupitersäule, die 20 Fuß hoch, 7 Fuß im Umfang, von rothem Granit, hier schon zu Kaiser Augusts Zeiten gestanden haben soll, und eigentlich dem Herkules, als dem Beschützer der friedlichen Alpenwege und der Völkerstraßen geweiht war, auf demselben bequemsten und zugänglichsten aller westlichen Alpen-Gebirgspässe, der sogenannten Alpis Graja, den unstreitig, nach Polybius vollgültigsten Zeugnissen, der Feldherr Hannibal nahm, dicht an dem Südfuß des Montblancs vorüber, um den Römern durch das Pothal in den Rücken zu fallen (s. die belehrende Abhandlung: Zander, der Heerzug Hannibals über die Alpen, nach den neuesten Untersuchungen. Hamburg 1823. 70 Seiten in 4).

Will man einen Ueberblick dieser, also scharf umgrenzten Hochgebirgskette des Montblanc erlangen, so muß man die nächsten Hochpässe und Hochgipfel besteigen, die frei und hoch genug liegen, um einen weiten Kreis zum orientiren darzubieten; sie sind nicht sehr mühsam zu erklimmen, und doch belohnen sie mit dem erhabensten Anblick der größten Naturscenen, welche der Planet auf der Oberfläche seines vielfarbigen Mantels zu entfalten vermag. Vom Osten her, sind es die Standpunkte des Col de Balme (No. 89) und Col de Ferret (No. 93); vom Westen her der Col de la Seigne (No. 13) und der Col de Vosa, dicht am Pavillon de Bellevue (No. 34), welche zunächst die Längenthäler an ihren Enden dominiren und die belehrendsten, schönsten und perspectivischen Längenansichten gewähren. In etwas größern Distanzen geben dagegen die besten Seitenansichten des Hauptzugs, die Standpunkte ganz außerhalb desselben; auf der Südseite zunächst der Gipfel des Cramont (No. 55) und noch etwas entfernter von der Hauptkette über den Paß des kleinen St. Bernhardsberges der Mont du Belvedère, nur eine Stunde vom Hospiz entfernt und leicht zu besteigen. An der Nordseite sind es aber zunächst die Seitenansicht von der Höhe des Mont Breven (No. 76) oder den Aiguilles Rouges (No. 78), die zwar selbst nur mit Mühe zu erklimmen sind, bequemer aber seine Alpenweiden von Flegière (Montagne et Chalet de la Flegière, No. 77), am Fuße ihrer steilen Felswände. Vorzüglich und herrlich vor allen ist aber der Blick, den man über das Ganze der Montblanckette vom erhabenen Buet (Montagne et glacier du Buet, No. 147) gewinnt, weil man dort selbst dem Hochgipfel des Montblanc an Höhe zunächst steht, und daher den wahren Umriß und Zusammenhang der Rücken, Gipfel und Zinnen des Hochgebirges, am deutlichsten verfolgen und am richtigsten beurtheilen kann; doch fehlt diesem Blick der liebliche Vordergrund des reichbebaueten Chamounythals, der vom Mont Breven sich darbietet, weil eben dessen nackter, zackiger, dunkelbrauner Felsrücken, wie eine schwarze Wand vorliegt, die freilich die dahinter und darüber hellglänzenden Riesengestalten der Eis- und Schneegipfel, desto strahlender und höher emporsteigen macht.

Hauptpunkte, die vom Buet, dessen majestätischer Gipfel als eine gewaltige Kuppel von strahlendem weißen Schnee sich in den dunkelblauen Himmel emporwölbt, bis zu 9564 Fuß über die Meeresfläche, in einer großen Linie von W. gegen O. auf einmal dem erstaunten Auge erscheinen, sind zunächst im Vordergrund der ersten Linie, auf der Nordseite des Arvethals, die Doppelgipfel der Aiguilles de Varens (No. 155) mit ihrer langen Kalk-Felswand gegen Osten hin, und die öde Rückwand des Mont Breven (No. 76 und 78), der den tiefern Grund des Chamounythals zudeckt, mit seinen rothschimmernden Felsthürmen, Felspyramiden und Felsrücken, nebst vielen andern weiter gegen Osten hin folgenden, niedrigern Felsreihen. Weiter entfernt in der zweiten Linie, südwärts des Arvethals, aber doch dem Auge in dem klaren Aether so nahe wie mit Händen erreichbar, steigen empor im äußersten Westen, jenseits des Mont Joiethales, der an Alpenweiden reiche, grüne Berg Hermance (No. 10) voll Sennhütten, die wegen des rothen Föhrenholzes, aus dem sie erbaut, im Abendsonnenschein öfter wie Edelsteine weithin leuchten, und hinter ihm der nackte dunkelviolette scharfe Rücken des Mont Joli, der vom Buet gesehen, wie eine einzige steile Pyramide emporstarrt, aber seiner bedeutenden Höhe ungeachtet, doch hier neben den gebietenden Colossen nur zu den niedern Schaaren des zahlreichen Volks der Berge gehört. Denn dicht an ihm steigt der weiße Miage (über dem Miage-Gletscher No. 17) und die Aiguille de Bionnaissai (No. 46) empor zu der steilen, vielfach gefurchten Felswand des Aiguille de Gouté (No. 43), die mit einem prachtvoll schimmernden reinem Schneegewölbe gekrönt erscheint, dem Dome du Gouté (No. 44), über dessen Vorstufe nun plötzlich, als vierte erhabene Staffel, sich das Haupt des Montblancs erhebt. Er ist der höchste Berg in Europa (14556 Fuß nach Pictet, 14700 nach Saußure, 14793 nach Tralles), dem seit kurzem nur der Mont Rosa, als sein Nebenbuhler, den lange behaupteten ersten Platz streitig zu machen sucht. Obgleich absolut kleiner als der Chimborazo, ragt er doch relativ höher über das zunächst anliegende Thal hervor, als der amerikanische Coloß über das seinige, und der europäische gewährt daher noch einen etwas größeren Anblick als jener, denn das Chamounythal liegt 3170 Fuß über dem Meere. Der Montblanc steigt aber unmittelbar über diese Basis an seinem Fuße noch 11532 Fuß senkrecht empor, der Chimborazo dagegen nur 11232 Fuß über das Thal von Tapia. Der Montblanc bildet eine erhabene, prächtige, Erstaunen erregende Pyramide von der Nord- wie von der Südseite betrachtet. Die südwestliche und nordöstliche Seite steigen allmählig über mehrere Stufen zum Gipfel in Linien auf, die mit dem Horizonte Winkel von 23 bis 24 Grad bilden; auf dem Gipfel stoßen sie ungefähr unter einem Winkel von 130 Grad zusammen, wodurch derselbe einer gedrückten Halbkugel ähnlich, von N. O. aus gesehen, aber ganz die Gestalt eines Kameelbuckels erhält, daher er von den nahen Bergbewohnern la Bosse du Dromadaire genannt wird. Gegen den Süden hin, senkt sich die geringe Oberfläche seines Gipfels in Dreiecksgestalt in sanft abfallender Schnee-Plaine, die von der Spitze zur breiten Basis, nach der Tiefe zu, höchstens 5—600 Fuß lang ist, und deren Basis etwa doch 200 Fuß tiefer liegt, als die gegen den Norden stehende Spitze. An dieser Basis der erhabenen Plaine, die mit ewigem

Schnee bedeckt ist, ragen einzelne zerrissene nackte Fels-klippen hervor, die, wenn man auf ihnen steht, den schauderhaftesten Anblick des jähen Absturzes der Süd-seite zum Thale von Courmayeur gewähren, und auf die Menge der fast senkrecht wie mächtige Stacheln aus der Allée Blanche aufsteigenden Felspyramiden, die aus der furchtbaren Tiefe wie aus einer Todes-wüste heraufstarren. Denn die ganze Südseite des Montblanc fällt bei weitem grauenvoller, steiler hinab, und zu noch größerer Tiefe, zu 6000 bis 9000 Fuß, wenn nicht senkrechter, doch für das Auge fast senk-recht erscheinender Felswände und Felssplitter, die auch zu steil sind, als daß oben Eis und Schnee, unten Erde und Pflanzenwuchs, auf ihnen liegen bleiben könnte: nur in ihren furchtbar tiefen und engen Schluchten sammelt sich das Getrümmer der von oben herabstür-zenden Felsen, meist gedeckt von Schnee- und Eismas-sen, und hängt so in jener Menge von kleinen Schnee-feldern und Gletschern in die tiefste Tiefe der grünen-den Thäler hinab, indeß auf der Nord- und Westseite, die mehr allgemach abfallenden Stufen und Abhänge, mit weiten Schneefeldern und mächtigen Gletscherbrei-ten, fast bis 11000 Fuß hoch, unveränderlich überzogen sind. Ehe wir zur besondern Aufzählung und Betrach-tung dieser ausgefüllten Tiefen kommen, setzen wir für's erste noch den Blick, vom Buet herab, weiter fort im Osten des weißen Montblancgipfels, um die Na-men seiner Trabantenhäupter und die Reihe seiner vor-gelagerten Obelisken und Pyramiden weiter zu verfol-gen, die beim Auf- und Untergange der Sonne, oft, wenn alles im Thale schlummert, im Grau der Däm-merung noch als glühende Lichtkegel und Fackeln, oder schon als an der Morgensonne hellleuchtende, vielfar-big rothe Flammen hoch über der Erdentiefe, ihre Op-fer gen Himmel strahlen. So zeigen sich von des Buets

Höhe die linken Schultern des Montblanc (les epaules) oder seine Adjutanten (les adjoints) wie sie die Savoyards nennen, die Montagnes maudites, die verwünschten Felsen, deren schroffe Felsklippen ihm zunächst, nackt und schwarz aus dem blendenden Schnee hervorragen, und dicht daneben der Montblanc du Tacul (No. 47) ein kleinerer Schneedom; dann das Mittagshorn von Chamouny (Aiguille du midi No. 65), weil über ihm die Sonne im Meridian für diesen Ort culminirt. Dann die Aiguille de Bletière (No. 66), die Aiguille de Charmoz (No. 67), dann wie ein ungeheurer gothischer Thurm mit fast senkrechten Mauerwänden aufsteigend, die grauschwarze Aiguille du Dru (No. 83), welche hinter ihr die gleichhohe Aiguille du Couvercle (No. 84) fast verdeckt. Dann aber als eine montblancartig gebildete Gebirgsmasse, die Aiguille verte (No. 85), die keineswegs durch Vegetation etwa grün ist, wie ihr Name verheißt, sondern gleich den übrigen schneeweiß mit schwarzbraunen grünschimmernden Felsklippen, die hie und da wegen ihrer Steilheit aus der ewigstarrenden Schnee- und Eisdecke hervortauchen. Dann wiederholt sich, jedoch immer durch furchtbare Tiefen, welche Eisthäler füllen, unterbrochen, noch zweimal diese Gestalt der montblancartig geformten, breitern Schneepyramiden, in der Aiguille d'Argentière (No. 81), und der Aiguille du Tour (No. 88), weil ihnen breitere Schneebasen zur Seite liegen, die vom Norden her gesehen, ihren Fuß vergrößern; dagegen von andern Seiten sie, wie die andern Gebirgssplitter, als wahre Thürme, Hörner und Nadeln (Aiguilles) erscheinen. Hinter dieser vordern Reihe der erhabenen, isolirten Felshäupter streicht auf der Höhe der Montblanckette eine zweite, doch mehr geschlossene Wand, die italische, gegen Osten hin; die sich in grausenhafter Einförmigkeit und Nacktheit gegen das Val d'Entreve, in vielen vorliegenden Gräten und Felsribben hinabstürzt. Die Firste dieser Felswand ist gleich einer hohen Burgmauer ausgezackt, wie zersägt und zerhackt; die isolirten mehr hervorragenden Zinken sind zunächst hinter den Monts Maudits, der Mont rouge (No. 61) die hohe Riesen-Nadel (Aiguille du Geant No. 63), welche über der mit Schnee gefüllten Einsattlung des Col du Géant (No. 62) wie über einer gewaltigen Lücke aufsteigt, und diese Localität bis in die fernen Ebenen der nördlichen Schweiz wie der italischen Seite weithin erkennbar macht. Dann folgen der Mont Tacul, und ihm im Süden die weit höhere Aiguille des grandes Jorasses (No. 64), noch weiter ostwärts die Felsthürme hinter dem Schneefelde, in dessen Mitte der Jardin (No. 86) liegt, ein dreieckiges, reizendes, grünes Inselchen das auf ein Paar Wochen im Jahr seinen Frühling, Sommer und Herbst zusammengedrängt hat, um seine reiche Blumenflor desto schneller und glühender zu entfalten, und die umgaukelnden Schmetterlinge ins Leben zu rufen, indeß die übrige Zeit im Jahr hier die Polarwelt ihren Thron aufgeschlagen hat, die ihren strengen eisigen Scepter hier auch wohl in manchen Jahren nicht ganz zur Seite legt. Noch weiter ostwärts folgen die, an sich gewaltigen, aber in so erhabener Gesellschaft doch kleiner erscheinenden Gipfelreihen der Rückwand, die von der vordern gedeckt, nur wenig gekannt sind, weil wenige durch die Thäler des Walliser Ferret oder des westlichen d'Entreves-Thal den Col de Ferret (No. 93) übersteigen, von wo aus diese näher zu bestimmen, aufzuzeichnen und zu messen wären. Die Aiguille d'Isère (No. 92), noch höher über ihr die Pointe d'Ornex, als die letzte hohe, gegen den Ost zu, und das niedrigere

Vorge-

Vorgebirge Montagne de Catogne (No. 116) machen den Beschluß dieses Alpenstocks gegen den Osten hin.

Lage, Gestalt und Zusammensetzung dieser so eben in ihren Hauptgipfeln betrachteten Gruppe des Hochgebirges, unterscheidet sie von allen andern in der Reihe der Alpen, als ein ganz einziges Phänomen. Eben so steil, schroff und gewaltig wie im Osten über dem Ferret-Thal, das zum Wallis hinabsinkt, hört diese Kette des Montblanc auch im Westen plötzlich auf, über dem Paß des Bonhomme, und gegen das Thal von Mont Joie hin. An keinem ihrer Endpunkte sind ihre Riesengipfel wirklich verbunden mit der übrigen Alpenkette, sondern vielmehr gänzlich von ihr durch Tiefen getrennt, da auch das Gestein selbst der beiden Pässe zur Seite des Col de Ferret und des Col de la Seigne, größtentheils Schiefergebirg, also von der granitartigen Felsart der Montblancspitzen ganz verschieden ist. Auch stimmt die Richtung der Montblanckette in ihrem von S. W. gegen N. N. O. sanft gekrümmten Bogen, mit der der Alpenkette nicht so ganz überein, da diese letztere vom St. Gotthardt bis zum großen St. Bernhard fast unverändert, mehr südlicher, dieselbe bleibt, so viele Pässe auch den unmittelbaren Zusammenhang der Spitzen trennen, dagegen hier, bei dem bleibenden Zusammenhange der Spitzen ohne Zwischenscheidungen durch tiefere Schluchten und Pässe, die Hauptkette sich doch weit mehr gegen den Norden wendet. Ganz außerhalb des Zuges der nördlichen Urgebirgskette der östlichen Schweiz, tritt mit dem Aosta-Thale diese so scharf begrenzte und so mächtig hervorragende Felsreihe des Montblanc nebst dem Breven gegen den Norden weit vor, mit ihren kühnen, schreckenden Gestalten, wie man diese am St. Bernhardsberge (No. 102 und umher) und anderen nirgends findet, und in Vergleich mit denen, die Wildheit selbst der ungeheuren Eisberge des Mont Velan (No. 110) über dem Bagne-Thal, (vom Valsoret-Gletscher No. 111 hinab bis zum Dörfchen Bagne No. 118), das größtentheils außerhalb dieses Reliefs liegt, kaum rauh zu nennen ist.

Nirgends in dem langen Zuge der Montblanckette, sinkt ihr Rücken unter die Grenze des ewigen Schnees herab, bleibt vielmehr größtentheils mehrere 1000 Fuß über derselben; daher gerade hier die gewaltigen Schneefelder, Eismeere und Gletscher, welche immerfort wegen ihrer ungeheuern, von oben herab auf schiefen Flächen wachsenden Last, gleich gewaltigen Raspeln und Sägen sie zertheilend und zerspaltend an ihrer Zerstörung arbeiten, und die untern Schluchten und Thäler mit den Trümmern der oben abgerissenen Massen erfüllen, die immer wieder von neuem durch den gewaltigen Druck der nachdrückenden Schnee- und Eis- und losgerissenen Felsen-Lasten überschüttet, und gegen die Tiefe vorgestoßen werden.

Durch die Betrachtung der Schnee- und Eismassen gewinnt man eine gute Uebersicht über die Gesammterhebung des großen Montblanczuges: denn nur einzelne zu steile Felshörner heben noch über deren cristallhelle, schimmernde Fläche, ihre dunkeln Gipfel hervor. Auf dem europäischen Alpengebirge, zwischen 44 bis 48° n. Br., zieht sich die Linie der ewigen Schneegrenze in einer absoluten Höhe von 7800 bis 8100 Fuß hoch über das Gebirge hin, doch nur, wie hier, in zusammenhängenden Bergmassen, denn wo isolirte Gipfel hervorragen, wie etwa am Mont-Breven (No. 78) steigt auch aus natürlichen Gründen die ewige Schneegrenze absolut höher auf, und beginnt erst um mehrere hundert Fuß höher, und kann auch wegen der Isolirung ganz fehlen, wie z. B. an der Aiguille de Varens (No. 155). Die, um einige tausend Fuß niedriger liegenden Höhen, etwa von 7000 bis 8000 Fuß absoluter Höhe, wie der Mont-Joli (No. 10 und über 11), der Mont-Lachat (No. 33), der Cramont (No. 55), der Cadogne (No. 116) und a. m., werden doch im Jahr auf 1 bis 2 Monat im warmen Sommer gänzlich vom Schnee entblößt, und können dann in der Sommerzeit, zur wiewohl kurzen aber ungemein gewürzhaften Sommerweide benutzt werden; so z. B. die Alpe von Villi (No. 149) am Buet, die von Flegiere (No. 77) am Breven, die des Montanvert (No. 69) am Eismeer und a. m. Die tiefer als 5000 Fuß liegenden Höhen, welche hier durch vollere grüne Farbe bezeichnet sind, dienen den Heerden auch schon zur Frühlingsweide mit ihren aromatischen Alpenkräutern, und haben Sennenwirthschaft. Aber alles, was höher anfängt, als etwa 8000 Fuß, ist in einförmige, starre Polarlandschaft verwandelt. Schneefelder, die auf dem Relief weiß gehalten sind, überziehen dort alle Bergrücken: Gletscher oder Eisfelder dagegen füllen die kalten Felsschluchten der Hochthäler, welche zwischen jenen Schneefeldern und Klippenzügen in die grünen Thäler der Mittel-Alpen bis zu den ersten Lärchenwäldern, herabhangen. Viele haben mehrere Stunden, sogar 5 bis 10 Stunden Länge, wie z. B. das, wegen seiner Größe sogenannte Eismeer (Mer de glace No. 68); sie sind von einer viertel zur halben, und hie und da auch wohl fast ganzen Stunde Breite; von 700 bis 600 Fuß Höhe und Mächtigkeit, tausendfach bis in die Tiefe hinab zerspaltet, und in grausenvolle Klüfte zerrissen. Ihre Gletscherarme senden sie bis zur Tiefe von 3000 Fuß absoluter Meereshöhe hinab, wie z. B. an der Südseite des Montblanc der Gletscher La Brenva (Glacier de la Brenva No. 54), an der Nordseite der bekannte Bossons-Gletscher (No. 41 und der Bois-Gletscher (No. 70), der Ausgang des

Eismeers bei dem Dörfchen Bois (No. 72), der zugleich die Quelle des Gletscherwassers des Arveiron (No. 70) ist, das zur Arve fließt.

Diese Gletschergruppen bezeichnen also die höchsten Erhebungen der Alpenkette, aber zugleich mit ihren tiefsten Einsenkungen, da sie die Uebergänge zu beiden bilden, und sie sind für das Studium des Gebirgssystems von großem Interesse. So hängen aus der Montblanckette, auf einer Länge von 12 bis 15 Stunden, an 16 solcher größeren und kleineren Gletscherarme in die Thäler gegen den Norden, und an 19 bis 20 gegen den Süden hinab, nach den vier begrenzenden Hauptthälern gegen Norden, Süden, Westen und Osten. An den obersten Enden dieser Gletscherarme, nicht leicht höher als 10,000 Fuß absoluter Höhe auf den höchsten Berghöhen, wo sie von oben herab keinen weitern Zufluß haben, als die kurze Schneeschmelze des Sonnenstrahls bei heitern Sommertagen, die in diesen kalten Höhen selten genug ist, und den kalten Duft der Eisnebel und Reife; da zeigten Messungen ihre Eisdicke doch schon 150 bis 175 Fuß nach der Tiefe. Wie viel mächtiger ist diese aber an den tiefern Abhängen, wo die von allen Seiten, Sommer und Winter herabstürzenden Lawinen, die immer nachrückenden und sich selbst überschüttenden Eismassen, und die geschmolzenen Gebirgswasser jede Nacht, selbst im hohen Sommer sie vermehren, und jeden Tag der drei übrigen Jahreszeiten sie nachwachsen machen. Daher nach der Tiefe zu die Mächtigkeit der Gletscher wächst, zu den ungeheuersten Eisbergen von 500, 600 bis 800 Fuß, die mit ihren krachenden Trümmern die wundervollsten Naturschauspiele darbieten, und selbst wohl die tiefer liegenden Fluren weiter zudecken und überschütten. Wenn sie auch an ihren Enden hie und da, bis in die friedlichen Thäler durch ihr periodisches Wachsthum Verheerung bringen, die der Mensch jedoch meiden kann, wenn er sich mit seiner Wohnung und seinem Eigenthum, nur vor ihnen in respectvoller Entfernung hält: so hat die weise Vorsehung doch gerade in ihren Schnee- und Eisgewölben in die kleinsten Räume die unversiegbarsten Wasserschätze für die entferntesten Stromgebiete und Fruchtländer zusammengedrängt, aus denen sie ewig springende Quellen für jedwede Jahreszeit in harmonischer Fülle, ohne die Landschaften durch Ueberschwemmungen, wie unter den Tropen, periodisch unter Wasser zu setzen, hervorzulocken weiß, durch Erd- und Sonnenwärme, die gerade im Sommer, wenn die Erde am trockensten und der Feuchtigkeit am bedürftigsten ist, am üppigsten die Betten des Po und der Rhone schwellt, bis zu den Reisfeldern von Padua und den Olivenpflanzungen der westlichen Provence und Languedoc's. Diese Schnee- und Gletschermassen, die innerhalb des ganzen Alpengebirges wohl einen Raum von 100 Quadratmeilen einnehmen mögen, sind die Hauptwerkstätte der Befruchtung des mittlern Europa's, Rhein, Po, Rhone und Donau entlang, weil in ihnen das befruchtende Princip für die längste Dauer concentrirt, und zu einer gleichmäßig geregelten, ununterbrochen fortgehenden Auflösung aufgespeichert ist, auf eine für die Erdbewohner am mehrsten beglückende Weise, wobei selbst die erstarrte Natur, die mehrsten Keime der belebten jährlich zum neuen Frühling wieder erwecken muß.

Auch schon diese Gruppe der Gletscher und Schneefelder auf der Oberfläche, sondert die Montblanckette, als Inselgebirge, von den übrigen benachbarten durch Tiefthäler geschiedenen Gruppen der Hochgebirge ab, mehr noch die Bestandtheile des Innern dieses Alpenstocks. Denn die Gesteinsart fast aller Berge auf der Höhe des großen und des kleinen St. Bernhardsberges und ihrer Umgebungen, unter und über der Schneedecke, also im Osten wie im Westen der Montblanckette, ist vorherrschend glänzendes Glimmerschiefergebirge, mit seinen untergeordneten körnigen Kalk-, Thon-, Schiefer- und andern Lagern, die untereinander mannigfaltig wechseln. So die Gipfel des Mont-Velan (No. 110) bis zum Col de Ferret (No. 93) hin; das ganze Gebirge im Süden des Thales von Entrève und der Allée Blanche, wo der Cramont (No. 55) Kalkgebirge ist, das seine Schichtenköpfe nordwärts gegen die granitische Südseite des Montblanc so sehr steil abstürzt. Eben so steigt dasselbe schwarzgraue Glimmerschiefergebirge, das Thal la Tuile zum kleinen St. Bernhard auf, und es bildet gleichfalls mit seiner zertrümmerten Oberfläche den schlüpfrigen Rücken des Col de la Seigne (No. 13), auf dem darum noch die fettesten Exemplare einer lappländischen Alpenflora, obwohl auf einer Höhe von 7578 Fuß über dem Meere, so herrlich gedeihen. Aber schon die ersten Felsen an der Nordseite des Cols, bestehen nicht mehr daraus, sondern aus mächtigen Granittafeln. Dieselbe schiefrige Gebirgsart bildet die scharfen Gebirgsrücken der Westseite des Mont-Joie-Thals, z. B. den langen Mont-Joli und Hermance (No. 11 bis 10), und eben so die niedern Vorberge am Westende der Montblanckette (No. 14, 16, 17). Ihr scheint deren nordwestliches, fruchtbares niederes Vorgebirge (No. 34, 33, 32) anzugehören, und die überdeckte Basis des Mont-Breven, so wie auch der größere Theil der Gruppe des Buet (No. 146, 147), dessen scharfe Eselsrücken, Steilschurren und schiefrige Hochgipfel (denn die Granitbasis des Buet reicht nur bis zu $\frac{2}{3}$ seiner Höhe), wo sie entblößt sind von der Schneedecke, wie mit einer Gebeinsaat zertrümmerter und verwitterter Thonschieferfragmente überschüttet sind, welche ihre Besteigung bei immer schurrendem Tritt zu der beschwerlichsten Auffahrt machen. Gegen W. und N. W. dieses Buet, folgt das Gebirgsjoch der Kalkkette mit seinen steilen, einförmigen, geschlossenen Mauerwänden, die keineswegs zersplittert sind wie das Schiefergebirge, aber festonartig geschwungene, in Horizontalbänken geschichtete Felsabstürze nach außen zeigen, nach innen aber sanft geneigte Plateaus mit den weidenreichsten Hochalpen tragen, die der Lieblingsaufenthalt der Gemsen und der Alpenheerden sind. So die Rochers d'Anterne (No. 151), des Fils (No. 152) über Servoz (No. 26) und Chede (No. 25), la Pelouse (No. 157), de Varens (No. 155) über St. Martin und Sallenches (No 7) bis zu les Frêtes (No. 166), und weit über die Enge der Clausen (Cluses) an der Arve hinaus, die jedoch nicht mehr auf dem Relief zu sehen ist, wo aber von der Nordostseite der Arve dieses Joch der Kalkalpen auf die S. W.-Seite übersetzt, und weiter gegen den Westen streicht. An der Südostseite des Buet über Valorsine (No. 139) bis zum Col de Balme herauf, wechseln wiederum die Glimmerschiefergebirge (wie an der S. W.-Seite der Montblanckette um den Bonhomme) mit Thonschiefern, untergeordneten Kalklagern, quarzigen Gesteinsmassen und großkörnigen Grauwackenlagern, den sogenannten Puddingsteinen von Valorsine ab, welche letztere durch die Fragmente von primitiven Gebirgsarten, die in sie eingeknetet liegen, und durch ihre senkrechte Schichtung berühmt geworden sind, seitdem v. Saussure hier beobachtete, weil er sie für einen Beweis der Hebung der Gebirgsmassen aus einer früherhin horizontalen Lagerung, aus der Tiefe der Erde nach der Höhe ihrer Außenseite aufstellte (s. de Saussure voyage dans les Alpes §. 695), und damit den ersten Anstoß gab, zu einer aus den Tiefen hervorgehenden Hebungs-Theorie und Zersprengung der Erdrinde von Innen nach Außen, im Gegensatz der Niederschlagstheorie aus dem Wasser, welches, nach Werners Ansicht, in einer gewissen Ruhe alle Tiefen der Erde mit seinen chaotischen Massen, mantelartig, in Uebereinstimmung mit dem abnehmenden Niveau seiner Oberflächen, zugedeckt haben sollte.

Diese schiefrige Gebirgsart, die immer, selbst wenn sie Kalkstein ist, glimmerreich bleibt, findet sich dagegen in der Montblanckette nur in der Tiefe, z. B. des Chamouny-Thals, wo sie die Basis des Alpenstocks, jedoch nur bis etwa zu 4500 bis 5000 Fuß absoluter Höhe überdeckt. Die höher aufragenden Hörner und Pyramiden gehören dagegen keinesweges ihr an, sondern bestehen aus einer ganz andern, mehr hellern, röthlichbraunen, oft im ätherhohen, hellen Morgensonnenstrahl buntfarbig schimmernden Masse, die dagegen jener Glimmerschiefer- und Kalkregion fast gänzlich fehlt (auf den Aiguillen des Breven und bis auf ⅔ der Höhe des Buet ausgenommen) nemlich aus Granit, oder einer dem Gneuß genäherten granitartigen Gebirgsart, die von hier an bis zum St. Gotthard fehlt im Gebirgszuge, ausgenommen im Mont-Rosagebirge, das sie, in horizontalen Bänken gelagert, zu constituiren scheint. Es ist eine cristallreiche Gebirgsart, die man bisher zu den primitiven gerechnet hat, die diesen Alpenstock bis zu seinen höchsten Felsstirnen, daher von allen Umgebungen auszeichnet, und ihn zu einer Granitinsel in einem umkreisenden Meere von Schiefer- und Kalkmassen macht. Auch dieses Gestein hat seine Wechsel- und untergeordneten Lager in den verschiedenen Felshörnern, denen man verschiedene Namen gegeben hat, wie Hornblendschiefer, Syenit, woraus z. B. der höchste nackt hervorragende Fels an der linken Schulter des Montblancgipfels besteht. Den Forschern der Geognosie bleibt die nähere Bestimmung der Unterschiede dieser cristallreichen Erddecke überlassen, die freilich erst bei etwas genauerer Untersuchung in so vielerlei Farben prangt, und so viele schön gestaltete und schön gezeichnete Mineralien einschließt, welche den Schmuck der Cabinette ausmachen. Aber, was sie im allgemeinen als Ein großes Ganzes auszeichnet, kann auch das ungeübte Auge des Alpenwanderers leicht wahrnehmen, nemlich eine deutliche Schichtung dieser Granitmassen, und eine sehr steile, öfter fast senkrechte Stellung ihrer Schichten, deren Streichen in der Direction der Montblanckette selbst von S. W. gegen N. O. geht, ganz wie sie das Rückgrat der Bergfirste in der hintern Linie (von No. 61 über 62 und 64) zeigt, und in der Richtung der Bosse du Dromadaire selbst, die obwohl mit Schnee verhüllt, doch offenbar diesem Streichen der verdeckten Schichten ihre Längenausdehnung verdankt.

Nur ein geringes, zuweilen an zwei Seiten einer Pyramide entgegengesetztes Fallen gegen Norden und gegen Süden, haben diese Schichten, deren Tafeln dann nach unten zu fächerförmig auseinander gehen, nach oben in einem centralen Punkte sich büschelförmig vereinigen, wie dieß z. B. an den Aiguilles du Midi (No. 65) und du Dru (No. 83) sehr schön zu sehen ist. Aber nach der Höhe der Hörner zu, richten sie sich immer mehr und mehr auf, so daß die Spitzen der Pyramiden und Aiguillen aus ganz seigern Schichtentafeln bestehen, die durch ihre rhomboedrischen Kluftabsonderungen, jene merkwürdige gegliederte Pyramidenbildung gothischer Thürme und vieler hundert Nebenthürmchen abgeben, weil die spitzen Winkel der stehenbleibenden Rhomboeder jedesmal nach oben in die Luft starren, wenn auch alle andern um sie her zertrümmernd in die Tiefe stürzen. Nimmt man die Seitenansicht dieser Granitpyramiden, wie z. B. von dem

Gipfel des Cramont (No. 55) gegen die stelle Südwand des Montblanc, so scheint dieser Coloß, nach de Saußure's so wahrem Ausdruck, mit einer unzähligen Menge von Granitpyramiden concentrisch umsetzt zu sein, wie die Artischocke mit ihren Blättern; so daß man sich hier des Gedankens einer Centralanziehung aller dieser Blätter als gegliederte Schaale gegen einen gemeinsamen Kern, nemlich den Montblanc selbst, kaum erwehren kann; nimmt man aber die Längenansicht in dem Streichen der Schichten, wie z. B. vom Col de Balme (No. 89), oder vom Pavillon de Bellevue (No. 34), so erhalten alle Felshörner die so charakteristische Form der schmalen Nadeln, oder Aiguillen, weil man nicht die breite Seite der ungeheuern Tafeln, aus denen sie bestehen, en face hat, sondern nur ihre geringere Mächtigkeit, die wie eine Schärfe erscheint, bei der außerordentlichen Erhebung und dem Stellabsturz der Seitenflächen, nach der vordern Thaltiefe oder deren schneeigen Rückwand. Die ungeheuerste Ansicht dieser Art, welche zugleich das erhabenste Gemälde in der Alpennatur darbietet, und vielleicht sich nur noch einmal auf der Erde in dem Hochgebirge des Himalaja-Indiens in solchem Maaßstabe wiederholen mag, ist der Blick vom Col de la Seigne (No. 13) und aus der Allee Blanche (No. 48) gegen Osten, wo die colossalsten Felspyramiden, (bei No. 49, 50, 52) aus fast senkrechten Granittafeln, dicht über dem Spiegel des lauchgrünen Combal-Sees (No. 49) in grausenerregender Wildheit am Südfuße des 9600 Fuß thurmartig emporsteigenden Montblancs, zwischen Gletscherströmen eingeengt, sich erheben, und die letzten Vorstufen des Riesenbaues gegen das grüne Alpenthal sind, von welchem das stufenartig aufsteigende Felsgerüst gegen den Hochgipfel den sinneverwirrendsten Anblick gewährt, da kein anderer Standpunkt in Hinsicht der rasenden Steilheit und der gewaltigen Höhe bis zur überhängenden Felsenstirn des Montblancgipfels, wenigstens auf europäischem Erdgebiete, mit diesem zu vergleichen ist.

Zwei merkwürdige untergeordnete Tiefthäler eröffnen sich an der Nordseite der Montblanckette, wo die Berührung der Granitregion mit der Glimmerschiefer-Region nach der Tiefe zu, wegen der vielfachen Zertrümmerung der zwischengelagerten Uebergangsgebirgarten und Zwischenglieder beider Formationen und der auf diesen Grenzen eingelagerten Erzstätten, welche auch bergmännisch betrieben werden, besonders lehrreich zu beobachten ist, das Thal von Valorsine im Osten des Breven und das Thal von Servoz im Westen desselben. Denn von dem Dorfe les Ouches (No. 36) nimmt die Arve durch einen kurzen, gegen Norden gewendeten, tiefen Querriß ihren wildstürmenden, schäumenden Lauf hinaus zum Längenthale von Chamouny, durch einen schauerlichen engen Gebirgsspalt, der erst bei der Brücke Pelissier (Pont Polissier No. 29), sich weitet zu dem Bassin und Thale von Servoz (No. 26), das noch im 16ten Jahrhundert ein See war, der durch einen Durchbruch seinen Ablauf gegen Westen gewann. In der Tiefe des Gebirgsspaltes ist kein Fortkommen, nur auf seinem linken Steilufer führt, wie das Relief zeigt, der Pfad, des Montets, zur Brücke Pelissier, den Wanderer glücklich aus dem Hochthale hinaus. Gerade hier ist es aber, wo durch die wilde Gewalt der Wasser, der Westfluß des in der Tiefe granitischen Mont-Breven entblößt ist, und wo in den, ihm auf der Grenze angelagerten Thonschiefer, Glimmerschiefer, Grauwackeschiefer, Hornblendeschiefer, die zwischen diesen eingeschlossenen Schichten von Kiesel- und Alaunschiefer und bauwürdigen Schwerspatgängen mit Blei-, Silber-, Kupfer-, Spießglanz- und

Zink-Erzen an den Tag kommen, und einen Blick in den innern Bau des Gebirges eröffnen, zugleich auf der Oberfläche Betriebsamkeit und Gewerbthätigkeit unter die dortigen Gebirgsbewohner verbreiten; denn der treffliche Stahl und das Kupfer, die in Servoz bereitet werden, dienen z. B. den Uhrmachern in Faucigny und in Genf zu ihren mannichfaltigen Kunstarbeiten. Auf der Ostseite dieses Querrisses von Fouilly unter dem Dorf Coupeau (No. 31), bis zur Brücke Pelissier (No. 24) liegen die Bergwerke; im Osten, dicht am Dorfe le Bouchet (No. 27) liegen die Schmelzen (Fonderie des Mines No. 28), und diesen in N. O., gerade in der Spitze des Winkels, den der Granitzug des Breven gegen N. O. mit dem La Saller-Zuge (No. 153), der Kalkalpen gegen Osten macht, der niedrige, vielkuppige Berg Pormenaz (Berg und See Pormenaz No. 150), der zwischen zwei tiefen Wildbächen pastetenartig eingeschlossen, aus einem sehr eigenthümlichen, schönen problematischen Gestein besteht, mit rosenrothem Feldspath, Quarz und grüner Hornblende, darin auf einer Höhe von 6172 Fuß über dem Meere, die reichsten Gänge mit kupfer-, silber- und goldhaltigen Bleierzen liegen.

Aehnliche Verhältnisse zeigen sich am N. O.-Fuß des Mont-Breven auf der Grenze der Granit- und Schiefer-Region, welche hier das schwarze Wasser (Eau noire) des Valorsine-Thals (Dorf Valorsine No. 139), das seine Zuflüsse von den Südgehängen der Schiefergebirge und Schneefelder des erhabenen Buet erhält, im wilden Thale durchbricht und blos legt; doch scheint hier weniger Erzreichthum niedergelegt zu sein, dagegen zeigt sich überall mehr romantische Natur. Das enge Valorsine-Thal zieht sich von den fast 10000 Fuß erhabenen Höhen des Buet von W. gegen O., und ist reich an wilden wie an sanften Naturschönheiten, an Wasserfällen, furchtbaren Felsmassen, malerischen Aussichten, lieblichen Ansiedelungen, reizenden Mühlen u. dgl., bis zum steilen Paß durch die Bergschlucht am Tête noire (No. 133), die über das Dorf Trient (No. 152), der oben gegebenen Beschreibung gemäß, nach dem Rhonethal am bequemsten führt, weil längs dem Trientbache über die Dörfer Fino (No. 135) und Salvant (No. 134) keine gangbare Straße dahin geleitet.

Hat man im Allgemeinen gelernt sich auf dem Schauplatze dieses Reliefs zu orientiren, so kann man nun durch absichtlich angestellte Wanderungen, im Einzelnen und Besondern, sich vertrauter zu machen suchen mit den Schönheiten und Wundern der Natur, die sich auf diesem Erdraume in so unendlicher Mannichfaltigkeit darbieten, und mit denjenigen Gegenständen, die der ernsteren Beobachtung und Forschung werth sind, für jeden denkenden Bewohner des Erdplaneten, dem die Art und Natur des Wohnortes nicht gleichgültig sein kann, welcher ihm und dem Menschengeschlechte von einer allgütigen und allweisen Vorsehung zum Aufenthalte, zur Entwickelung seiner Kräfte und zum Erziehungshause für andere zukünftige Welten angewiesen ward.

Wanderungen in und um das Montblanc-Gebirge.

1) Von Genf über Sallenche nach Chamouny.

Von Genf nach dem Dorfe Chamouny sind 18 Stunden, auf der gewohnten Fahrstraße über Bonneville (5 Stunden) und Cluses, 8 Stunden von Genf, von wo man in 4 Stunden durch das Thal von Maglan (No. 1) nach Sallenche (No. 7) kommt. Von Sallenche sind 3 Stunden bis Servoz (No. 26), und von da so viel nach der Prieuré von Chamouny. Gegenwärtig ziehen jährlich mehrere Tausende von Fremden aus allen Ländern Europas in dieses Wunderthal; vor einigen 80 Jahren war es den nächsten Nachbarn noch ganz fremd, obgleich schon seit 1099 ein Benediktinerkloster dem Dorfe seine erste Entstehung gegeben hatte. Die fernen Hochgebirge nannte man in Genf noch die verwünschten Berge, Montagnes maudites, als zwei Engländer, der berühmte Reisende Porock und der Ritter Windham, im Jahr 1741, dieses abgelegene, wilde, gänzlich unbekannte Gebirgsthal in der Mitte Europas entdeckten, indem sie mit Zelten, Waffen und Lebensmitteln versehen, in jene Wildniß eindrangen, vor deren Gefahren und barbarischen Bewohnern jedermann sie zu warnen, jedoch vergeblich, versuchte! Durch Horace de Saußure's erste Reisen 1760 und 61, wurde es den Genfer Naturforschern genauer bekannt, durch seine und seiner wissenschaftlichen Freunde (zumal M. A. Pictet's und Trembley's) meisterhafte Beobachtungen, Messungen und Forschungen (s. voyages dans les Alpes IV. Vol.) bald berühmt durch ganz Europa, und seitdem höchst wichtig für alle Zweige derjenigen Wissenschaften, die sich mit den Untersuchungen der Natur und der Erde beschäftigten. Seine Bewohner gehören gegenwärtig zu den kühnsten, thätigsten und gebildetsten Gebirgsvölkchen aller Hochgebirge der Erde, und keins derselben besitzt eine so praktisch vollendete Kenntniß desselben wie eben sie, da diese Kenntniß seit de Saußure's Vorgange ihr Haupterwerb ist, der ihre Hütten in wohlhabende Ortschaften verwandelt hat, in denen man die Bedürfnisse, selbst der Hauptstädte haben kann, und unter deren Bewohnern man eine feinere Civilisation bei hoher Redlichkeit und Treue keineswegs vermißt.

Mit dem Thalschlunde von Cluse (die Klause), wo das Gebirgsthal gegen die Ebene hin gleichsam zugeschnürt wird, hört die freiere, offene, liebliche Landschaft auf, und es beginnt die erhabene, wilde Alpennatur. Kalkfelsmassen von rasender Höhe, nackt, unersteiglich, auf den Höhen nicht mehr mit Wald gekrönt, treten auf beiden Seiten des Arvestroms, dicht heran wie gewaltige Riesen, die den Weg vertreten; aber die Arve arbeitet sich doch hindurch in unendlicher Windung. Bei Maglan (No. 1), links am Wege, ist noch das lieblichste Wäldchen am Fuß der nackten Kalkfelswand, die, wie der Axenberg über der Tells-Kapelle am Vierwaldstätter See, emporsteigt. Ein schönes vielfaches Echo empfängt hier den Reisenden; weiterhin stürzt ihm zur Seite von einer Höhe von 800 Fuß der Gebirgsstrom Arpenas (Nant d'Arpenas No. 5), als Wasserfall herab, der auch bei geringerer Wasserfülle eins der sonderbarsten Schauspiele giebt, weil die gewaltige Felsenmasse, über die er hinabstürzt, eine concentrische Schichtenbildung hat, die auf das deutlichste in die Augen springt, wie Schaalen, die sich um einen gemeinsamen Kern ansetzen, und zu bedeutender Höhe in Sförmiger Gestalt sich emporwinden. Fährt man weiter durch reizende Umgebungen der engen Schlucht am Arvestrom immer aufwärts, und biegt bei St. Martin (No. 6) um die Ecke der vorspringenden Höhen: so erhebt sich zum erstenmale, wie hingezaubert, das weiße hohe Schneegebirge des Montblancs ganz am Ende des Thales. Man sieht es plötzlich und auf einmal, ganz in voller Majestät; die niedliche Brücke vorn in der Landschaft über die Arve gebaut, zwischen beiden Orten, belebt den Vordergrund und macht das Ganze zum zierlichsten und zugleich zum erhabensten Gemälde. Aus den Fenstern, selbst der Wirthshäuser, sowohl in St. Martin als in Sallenche (No. 7) erblickt man bei Abendbeleuchtung ganz deutlich die ungeheuern Schneeflächen der Montblanchöhe, ihre kessel- und trichterförmig herabhängenden Schlünde, große Schneeschurren, und in diesen gewaltige, muschelförmige Brüche, da wo ganze Massen zur Tiefe eilend sich losrissen. Viele hunderte von fächerartig in der Tiefe zusammenlaufenden Linien, bezeichnen auf den schneeweißen glänzenden Schneegefilden, auch schon in dieser Ferne, dem bewaffneten Auge, an einem heißen Sommertage, die Bahnen eben so vieler, aus diesen Aetherhöhen herabgestürzter Schneelawinen und Schneecascaden, die oft von Minute zu Minute in den heißen Mittagsstunden sich von diesem einsamen Rücken herabsenken, und im Abrann zu gewaltigen Massen sich ballend, in die sonst lautlosen Thäler mit donnergleichem Gekrach herabstürzen. Senkt sich die Abendsonne, so treten bald rings umher die nackten Wände des Alpenstocks zur linken, und die Waldberge zur rechten, schwarzgrau in Schatten; die höhern Riesengipfel baden sich noch rosenroth vom Abendsonnenglanze in blauer, durchsichtiger, klarer Luft; der Dom des Montblancs schimmert dann chamäleonartig in den verschiedensten Farben und Lichtern, und fängt, wenn auch alles umher schon erblaßt ist, und er selbst schon im Dämmerlicht eine gespensterhafte blaue Blässe angenommen hat, nach einigen Minuten von neuem zu strahlen an, im Rosenroth, bis zum Glanz einer matt schimmernden glühenden Kohle, von dem letzten Reste des am Tage eingesogenen, und nun wieder zurückstrahlenden Sonnenlichts.

Von Sallenche kann man dieses Schauspiel im Angesicht, noch an demselben Abend in einem Stündchen, bequem, auf grünen saftgen Wiesen, auf denen in der Nacht häufige Irrlichter umhertanzen, bis zum Badeorte St. Gervais (No. 23) wandern, wo im Sommer zahlreiche Gäste sind, der mittelmäßigen Bequemlich-

keiten

kelten und der sehr engen, an Sonne armen aber wild-romantischen Schlucht ungeachtet, in welcher das erst seit 1806 entdeckte Heilbad liegt. Die Schlucht wird vom kalten weißen Gletscherwasser des Bon Nant und von sehr kalten Winden fast ununterbrochen durchströmt.

Im hintern Winkel des engen Thalschlundes des Gebirgstroms Bon Nant (der gute Nant von natare, da alle reißenden Bergwasser im Savoyischen diesen Namen führen) liegen die warmen Quellen dicht am Ufer des Wildbaches, zwischen Erlenwäldern, im tief-eingeschnittenen Thalboden, noch keine 720 Fuß höher als der Spiegel des Genfer-Sees, denn so gering ist das Gefälle der untern Arve von hier an, im fast horizontalstreichenden untern Längenthale dieses Gebirgswassers, das dagegen von hier an aufwärts gegen Servoz und weiter das steilste, rascheste Gefälle hat. Bald schließen sich die beiderseitigen Felswände der engen Bergschlucht, über deren schauerlichen Abgrund der tosende Bon Nant von der Höhe in großen Sprüngen an 100 Fuß sich herabstürzt, und so mit seinem Rauschen und Brausen das enge Thälchen erfüllt. Ueber seiner Cataracte, 607 Fuß höher als der Thalboden, liegt das lieblichste Dörfchen St. Gervais, auf einer Höhe von 2453 Fuß über dem Meere, schon in der schönsten Alpenumgebung, wo aber noch reiche Waitzenfluren, Nußbäume und Kastanienwälder prangen, und doch schon zugleich die romantische Alpenweide beginnt. Nur in directem Abstande, 30,000 Fuß vom Gipfel des Montblanc, nach Pictets Messung, entfernt, athmet man hier die reinste Gebirgsluft; aber nur auf sehr krummen Wegen kann man sich diesem Beherrscher nahen, dessen Anblick den Badegästen durch den vorliegenden Berg Prarion (No. 32. 33. 34.), dessen Gipfel schon die ersten Gehölze von Alpenrosen schmücken, noch verdeckt wird. Gerade gegen Süden durch das Mont-

Isle-Thal; zum Bonhomme (No. 12) würde man von St. Gervais auf nächstem Wege über die Alpenkette nach Turin gelangen können, durch die Allée Blanche nd Courmayeur, ein Weg, den wir nachher verfolgen werden. Nach Chamouny aber führen mehrere interessante Pfade; der bequemste durch das Arve-Thal über das romantische Chede (No. 25), wo, wie um Passi (No. 24) unter der Südwand der vom Sonnenstrahl stark geheizten und reverberirirenden Aiguilles de Varens und ihrer Fortsetzungen gegen Ost, noch die besten Weinberge und die letzten Trauben gegen das Eisgebirge hin gedeihen. Von Chede aus geht man noch in Obstwäldern, welche Aepfel, Birnen, Mirabellen, Reineclauden, Pflaumen, Kirschen von vorzüglicher Güte liefern, zu dem lieblichen kleinen See (Lac de Chede) auf dessen grasgrüner Fläche sich die weiße Masse des Montblancs reizend abspiegelt, besucht den schönen reichen Wasserfall in der Nähe, bewundert die kühnen Stellwände, Zerklüftungen und Zertrümmerungen der erhabenen Aiguilles des fils (No. 152) und wandert dann über Servoz (No. 26) auf dem oben schon angedeuteten, dem Mineralogen und Geognosten höchst interessanten Wege durch den Thalspalt nach les Ouches, dem ersten Dorfe am Eingange des Chamouny-Thales. Eben dahin gelangt man auf einem zweiten beschwerlichern aber kürzern Wege, der den waldigen Prarion hinter St. Gervais links zur Seite lassend, aufwärts, über den Col de Forclaz (No. 32) oder über den Mont Lacha (No. 33), oder auch über den Col de Vosa führt, dem zur Seite man wegen der noch größeren Nähe der Montblancmasse, von der Höhe des Pavillon de Bellevue (No. 34) die außerordentlichste Aussicht auf das Innere des Schneegebirges gewinnt. Wenn man auch von St. Gervais 4 volle Stunden über das Gletscherdorf Bionassay (No. 35) bequem und dann etwas mühsam aufzusteigen hat, so vergißt sich doch alle Mühe ganz im Angesicht einer solchen Natur. Bei diesem Bergdorfe ist es schon weit kälter, doch wird noch Gerste und Hafer gebaut; über ihm schwebt der große graue Bionassay Gletscher und droht den Einsturz; über dem Gletscher hängen die steilen Felswände der Aiguille du Gouté (No. 43) und darüber der weiße gleichnamige Dôme du Gouté. Der Montblancgipfel selbst tritt hier in dieser Perspective bescheiden zurück. Von diesem Dorfe aus machte v. Saussure 1785 im Sept. den ersten vergeblichen Versuch den Gipfel des Montblanc zu besteigen; aber die Steilheit der Felsennadeln des Gouté, die vielen losen Felsentrümmer der furchtbar steilen Bergschurren, die Schlüpfrigkeit der Schneeflächen und frischgefallener Schnee, machten es aller Stricke, Leitern und mitgenommenen Hülfen ungeachtet, doch seiner ganzen Gesellschaft unmöglich, auch nur die Spitze der Aiguille du Gouté zu erreichen. Im Jahr 1819 soll es 6 Bewohnern des Mont-Joiethals wirklich gelungen seyn, von hier aus den Gipfel zu besteigen; aber der Russe Dr. Hamel, der im August 1820, von den Pfarrherren von St. Gervais und St. Nicolas de Verosse (No. 21) begleitet, von der Sennhütte des Pavillon de Bellevue (No. 34) und den grasreichen Rücken des Chaletta und Laarberges zur Saussurischen Steinhütte an der Felswand, (Pierre ronde), die über dem Bionassaygletscher hängt, gelangte, da 8520 Fuß über dem Meere sein Nachtlager nahm, um am folgenden Tage höher vorzudringen, erreichte zwar auf dem roth verzeichneten Pfade des Reliefs wirklich die Aiguille du Gouté am Morgen um 9 Uhr, und über das Schneefeld nach zweistündigem Marsche den Dôme du Gouté, 13200 Fuß über dem Meere erhaben, um halb zwölf Uhr Mittags. Aber von da aus drang er nicht weiter auf den Gipfel des Montblanc vor: denn völlige Ermattung, drohendes Gewölk und die Aussicht auf ein erstarrendes Nachtlager im höhern Schneefelde, ohne wärmende Vorkehrungen, trieb ihn und seine Caravane zurück, die unter Todesgefahren der Steilabstürze und der nachpolternden Fels- Eis- und Schneemassen, welche der Mittagsstrahl losgemacht hatte, doch noch glücklich genug, über die Schneelähnen und glatten Flächen des Bionassay-Gletschers hinabrutschend das vorige Nachtlager erreichte, und mit Sonnenuntergang wieder den Pavillon betrat, von dem sie am Tage vorher ausgezogen war.

Der Blick des ermüdeten Wanderers, der bei der Sennhütte des Col de Vosa gestärkt durch eine Schaale frischer Alpenmilch, auf dem sammetgleichen wohlduftenden, blumenreichen, buntfarbigen Alpenrasen ausgestreckt, nun einer kurzen Ruhe genießt, ist außerordentlich: denn die höchsten Gipfel der Erde schweben über seinen Scheitel in nie gesehener fast bangemachender Nähe, welche der helle Glanz der Schneefelder in Momenten ganz dicht vor das Auge zu rücken scheint, daß man unwillkührlich zu den vergeblichen Projecten hingerissen wird, gerade von hier aus ihre Aetherhöhen zu besteigen. Es ist eine der Längenansichten der Schneekette, die sich in langer Perspective mit ihren zersplitterten Höhen dahinzieht, von denen viele schmale Gletscherarme wie Silberbänder hinabhängen in das Thal, und hinter den schwarzen Felsklippen und dunkelgrünen Nadelholzwäldern, die am untern Ausgange ihre Begleiter sind, desto lebhafter hervorschimmern. Aus den Windungen des tiefen Chamounythales, das wie ein reizender Lustgarten, voll Felder, Ortschaften, Stromrinnen und Wiesen und Wälder, landkartenmäßig in der Vogelperspective vor dem Auge ausgebreitet liegt, steigen beständig Karavanen wandernder Reisenden, theils zu Fuß oder auf Maulthieren zu diesen

Höhen herauf, und andere eilen nun, aus dem Osten und Westen, Süden und Norden Europas sich hier oft freundlich begegnend hinunter, um sich den Wundern seiner Thalgehänge zu nähern, oder andern Schönheiten der Natur entgegen zu gehen.

In anderthalb Stunden geht man hinab zum ersten Kirchspiel des Chamounythales, zum Dörfchen les Ouches (No. 36), berühmt wegen des trefflichen klaren Honigs, der hier gesammelt und von hier weit versendet wird. Dann ist man bald an der Brücke des Nant de Bossons (No. 41), die über die schäumenden Wogen des silbergrauen, eiskalten, tosenden Gletschersohns führt. Wer die Mühe des Steilaufsteigens nicht scheut, folgt der Brücke nicht: denn hier stehen schon rüstige Guides oder Führer des Thales in Bereitschaft, die Kommenden mit langen Stachelstöcken und Steigeisen zur Wallfahrt über den nahen Gletscher zu bereden. Einzelne Kinder oder Frauen bringen einen frischen Trunk Milch, einen Teller voll Beeren, oder dergleichen, und sorgen gegen eine kleine Erkenntlichkeit für Erholung des lechzenden Gaumens. Man steigt dann am Wildbache aufwärts, erst durch Erlengehölz, dann durch einen dunkeln moosigen Lärchenbaumwald, dann über Rasen und Steine, dann über die losen baumleeren Felstrümmer, welche jeder Gletscher vor sich her stößt, Moraine genannt, die sich zu beiden Seiten der Gletscher, gewöhnlich wallartig, zu mehreren hundert Fuß aufthürmen und diese wie hohe Bollwerke begleiten, auf deren Rücken man bequemer fortschreitet, um zugleich den sich herabschlängelnden hellweißen Eisrand des Gletschers durch das Schwanken der grünen Kronen und Zweige der Lärchenbäume besser erspähen zu können. Von der Höhe dieser begleitenden Morainenhügel sieht man dann die seltsamen Gestalten des Gletschers, der in der Ferne aussieht wie ein schmaler weißer Silberstreif, hier in der Nähe zu einem unübersehbaren in Wogen zu Eis erstarrten Strome anwächst, der tausendfältig zerspalten, aus so vielen geöffneten dunkeln und schwarzblauen, unten in unübersehbarer Tiefe rauschenden und wiederhallenden Höhlungen, dem Wanderer grausenvoll entgegengähnt. Die obern Eisgewölbe sind dagegen hellblau, silberweiß, und von ihnen erheben sich Klippen, Obelisken, Pyramiden-Quadern, Kegel, Zinken und Thürme, alles vom hellblauen silberschimmernden Eise hundert bis zweihundert Fuß hoch in die blaue Luft, und gewähren einen Blick, der von der Erde weg versetzt in den Mond oder sonst in eine andere Welt. Nur der grüne Lärchenchenwald hinter diesem Eisgeklipp, oder das graue darüber aufsteigende Felsgebirg der Aiguille du Midi (No. 65.) hält den Gedanken noch auf der Erde zurück. Rollen die Führer Felsblöcke die Moraine hinab in die Eisgewölbe, so erschallt donnerähnliches Getöse und Gekrach. Wie der Himmel in Luft und Wolken wechselt, so auch das Farbenspiel dieser Eisgestalten, vom dunkelsten Schwarz bis in das seladongrüne schönste Himmelblau und Silberschimmer. Unten rauschen immer fort die Wasseradern und Wasserbäche, die ungesehene Wasserstürze in den Tiefen bilden; auf den Zinnen der aufgerichteten Eisthürme und Kegel liegen oft schwarze Felsblöcke, die von den Hochgipfeln losgerissen bis hieher auf ihren Rücken getragen wurden, deren schiefe Eisunterlage aber nun leicht wegschmilzt, so daß oft ein einziger Sonnenstrahl, der die letzte stützende Fläche wegleckt, wie ein Pfeil den Fels mit Donnergepolter in die Tiefe stürzt. Diesem einen Sturz folgt ein Geprassel vieler andern von Eisquadern nach; von der weit größern Höhe der Aiguille du Midi (No. 65) und des Tacul (No. 47) ertönt aber von Zeit zu Zeit das furchtbare Krachen und Donnern der immer fort stürzenden Lawinen herabwärts, wie ganz nahe Batterien, und erweckt schauerliche Empfindungen, selbst wenn man es weiß, daß sie mehrere Stunden weit herkrachen, wie z. B. selbst die von der 10 Stunden Marsch entfernten Aiguille du Gouté hier noch wiedertönen. Leicht bilden sich Nebel und Wolkenduft über diesen Gletscherarmen, die kein lebendes Wesen als nur einzelne Adler und geselligere Falken umschweben; die aber selbst in dieser Tiefe keine Gemse mehr betritt. Hier, wo die große pittoreske Zerklüftung des Gletschers sich zeigt wegen der steil abfallenden Bergwand über die er hinabstürzen muß, daher seine Querspalten sich emporrichten und wie thurmhohe Igelstacheln den Abhang spicken, ist an kein Hinübergehen zu denken; aber wohl etwas oberhalb dieses zerborstenen Chaos, wo der Gletscher mehr einen sanften Bergabhang überzieht, und daher selbst eine Art Horizontalfläche bildet, deren Spalten man wenigstens umgehen kann, wenn man vorsichtig hinüber schreiten will. Dieß ist dann in einer kleinen Viertelstunde an der engsten, bequemsten Stelle geschehen; man steigt über die jenseitige Moraine auf Felsblöcken wieder hinab zum moosigen Waldboden, freut sich des sichern Trittes, der reichen Waldvegetation, der bemoosten Felsklippen, des Hinabweges, und langt dann bald in dem Kirchspiel, der Prieuré von Chamouny an, wo man die Wahl hat in dem trefflichen Hotels der Stadt London oder Paris abzusteigen.

2. Chamouny und der Besuch des Eismeeres bis zum Jardin.

Lange Zeit verweilt man nicht gerne in Prieuré auch in dem besten Hotel; aber dichter Nebel deckt nun gerade die ganze Landschaft mit ihren Schönheiten zu; Regen rauscht nieder, und die Stürme sausen und grau ist es im ganzen Thal. Die Nebel spielen am Fuß der

Waldberge, die dicken Wolkenschichten haben sich auf ihrem Rücken und am Fuß der Pyramiden gelagert, deren hohe Spitzen indeß im blauen Himmel ragen und im schönsten Sonnenschein enden. Wirklich so ist es, denn zuweilen reißt der Sturm die Wolken auseinander, und aus der blauen Oeffnung glänzt ein weißes Schnee- und Eisgefilde hinter schwarzen Felszacken in's Thal herab, und blendet das Auge, als stünde es dicht vor ihm. Man sieht am Tage wohl dem phantastischen Spiele der Höhen zu; magisch schweben die Heere der Wolken um die Felsennadeln und verbergen bald ihren Fuß bald ihren Gipfel. Blitz und Donner leuchten und rollen in den obern Regionen, und der Regen prasselt unter dem Gekrache der Thalwände nieder, daß man die Arve vom Altan des Wirthshauses herab doppelt so stark als vorher vorüber rauschen hört. Doch der Himmel wird freier! Beim Abendsonnenschimmer blinken schon wieder die thurmhohen Eisgipfel und Eispyramiden, die auf den in das schwarze bewohnte Thal herabhängenden Gletschern stehen, wie Krystallsäulen auf Drusen, wenn der Sonnenstrahl sie trifft! Jetzt entschleiert sich auch das ganze Schneegefilde des Dôme du Gouté (No. 44), der nach dem Montblanc dem Range nach der zweite hervorsteht; sein Fuß ist schwarzer Tannenwald, durch diesen schimmert der untere bläuliche Gletscher, darüber schwimmt graues Gewölk, noch höher steht das glänzende Schneemeer im Sonnenschein, über das hinweg der muthige Saussure seine Wanderung auf drn Gipfel des Montblanc nahm, der jedoch nur selten dem Thale sich zeigt. Zum Abschied lächelt die untergehende Sonne mit goldnem Blick noch einmal die düstre waldige Umgebung an, und verkündet einen sonnigen Morgen! In den Zwischenzeiten eines solchen Tages wird die Bekanntschaft mit den redlichen Bewohnern des Kirchspiels gemacht, zumal mit den braven freilich auch erwerlustigen Guides, die sich überall blicken lassen, deren Gespräch gehaltvoll, lehrreich und unterhaltend zugleich ist, und deren Bekanntschaft mit den gefeiertesten Männern Europas, die ihre Einsamkeiten besuchten, etwas ungemein Anziehendes, wie ihr beständiger Kampf mit den Elementen und Naturgewalten voll Gefahren auf ihren Riesengebirgen etwas wahrhaft Heroisches hat. Man freut sich aus ihrem Munde das Andenken des edlen von Saussure preisen zu hören, der wie ein fürstlicher Vater der Aelpler verehrt ist; alle seine Unternehmungen sind ihnen bekannt; seine Schriften über ihr Vaterland, wie die des classischen Ebel und anderer wissen sie auswendig: innere Anschauung und gereifte Erfahrung macht ihr Wissen lebendig! Die Abentheuer auf ihren vielfachen Reisen durch die Gebirge der Schweiz, Frankreichs und Italiens, auf ihren Gletscher- und Montblancbesteigungen, Gemsjagden, wie in ihrem einsamen Winteraufenthalte, wenn Felsstücke, Schneefälle, Wassernoth, Stürme sie bedrängen, sind mannichfaltig genug, um ihre Phantasie mit den seltsamsten Erinnerungen zu füllen, die sie mit größter Besonnenheit und Frische wiedergeben. Auf dem nahen Versammlungsplatze des Kirchspiels, das stark bevölkert an 2000 Menschen zählt, findet man immer Ansprache; man besucht die Cabinette der Naturalienhändler, bei denen man schöne Reihenfolgen von Mineralien der ganzen Gebirgskette einkaufen kann; getrocknete Sammlungen der lieblichen Alpengewächse und Alpenblumen, ausgestopfte Thiere des Hochgebirgs, Gemsen, Gemsenhörner, seltene Steinbockschädel u. dgl. oder man sieht die Werkstätten der Holzschneider, die sehr künstlich aus dem schönen, weichen, weißen Arvenholze (Pinus Cembra, bois de pin doux) kleinere und größere Modelle der Montblanckette zu schnitzen wissen, welche die erste Veranlassung zur vollendetern Ausarbeitung des gegenwärtigen gegeben haben.

Zwischendurch werden die Fremdenbücher umgeblättert und gemustert, um Bekannten und Freunden zu begegnen, und häufig werden die Wettergläser befragt und nach der Führer Weise beklopft, um zu sehen, was sie vom morgenden Tag verkünden!

Ist am folgenden Morgen das Barometer nur gestiegen, das Wasser der angeschwollnen Arve stark gefallen, schwebt auch noch grauer Nebel über dem Thale, so rüstet sich alles zum Aufbruch; die verschiedenen Partheien der Fremden von ihren Führern und Trägern begleitet, wandern nach allen Richtungen in Karavanen den Hochgipfeln zu: die einen zur Gemsenjagd nach dem Mont Breven oder zur Aiguille du Midi, die andern zur Bewunderung der Gletscher, der Eisgewölbe des Arveiron (No. 70) oder anderer interessanter Standpunkte, um Aussichten zu gewinnen; noch andere ziehen zu botanischen oder mineralogischen Excursionen aus u. dgl. m.: wir besteigen für's erste den Montanvert und das Eismeer.

Man braucht dazu 3 Stunden um von der Prieuré zu der Hütte des Montanvert (No. 69) zu gelangen; sogleich hinter dem Dorfe geht man über die Brücke der Arve und den Waldberg bergauf, der auch für Maulthiere zum Reiten gangbar gemacht ist. Die Arve ist ungemein wild und reißend, so daß sie fast jährlich ihre Holzbrücken zerstört; die Char à bancs müssen auseinander genommen werdeu, um sie auf ihre entgegengesetzten Ufer zu bringen; aber aufgejagte Gemsen hat man schon öfter mit ungeheurer Schnellkraft in 2 bis 3 mächtigen Sprüngen ihre reißendsten Stellen durchsetzen sehn! Den Aufweg durch den dichten Nadelwald legt man schnell zurück, und ruht von Zeit zu Zeit aus, indem man den Rückblick auf das Dorf Chamouny und den Mont Breven genießt. Auf der Höhe biegt man nun um die Ecke, tritt aus dem Walde und erblickt grade vor sich den Riesenthurm Aiguille du Dru (No. 83) über einer leichten Wolkenschicht, und unter ihrem Wolkensaume das Eismeer mit seinen starren Wogen sich fürchterlich krümmend zwischen dem tiefen Schlunde enger Felsenmassen, dessen Durchsausen man zu hören glaubt! Auch bei völliger Windstille in den nahen Zweigen der einzelnen Cirbelnußbäume ist hier in der Tiefe und Höhe meist die ganze wilde Schaar des Aeolus losgelassen, und ihr Stürmen in Wipfeln und Gipfeln mischt sich mit dem starken Gebrause und der Sprache der Gewässer in der Tiefe des breiten, langen, gewaltigen Gletschers, den man wegen seiner Ausdehnung mit Recht Mer de Glace, das Eismeer, genannt hat. Auf der Höhe der grünen Alpe (Montenvert), 2568 Fuß über dem Thal, 5724 Fuß über dem Meere erhaben, also an 800 Fuß höher als die schlesische Riesenkoppe und doch noch in der tiefsten Bergschlucht, dicht an seinem Steilabfalle findet man Schutz und Erquickung in dem artigen Häuschen, das hier schon seit Jahrzehenden von dem französischen Residenten in Genf, Felix Desportes allen Freunden der Natur erbaut ward, die bis hieher vordringen. Die Führer rufen den Hirten herbei, der hier in dieser Einsamkeit seine einträgliche Sennhütte hat, und darum den spaßhaften Namen des Baron du Montenvert führt; seine frischgemolkene Milch, frische Butter, Kartoffeln u. dgl., sein Kaminfeuer im Tempelchen, das die Ueberschrift à la Nature hat, sind selbst im Sommer willkommne Dinge. Indeß hellt sich wohl der Himmel mehr und mehr auf, und die Ansicht, die man hier gewinnt, ist (wie Ebel sagt) einzig zu nennen; ihre Größe setzt in Erstaunen, ihre Nacktheit erschreckt, ihre Stille rührt die Seele, und das Ganze der Umgebungen scheint in eine andere furchtbare Welt zu versetzen. Nach S.W. steigt der schwarze Charmoz (No. 67), nach N.O. der röthliche Obelisk Dru, 5832

Fuß über dem Montenvert empor (No. 83) und zwischen beiden ruht das Eismeer ½ Stunde breit, und mehrere Stunden lang; zur linken des Dru die niedrigere Aiguille Bochard (No. 82). In S. O. theilt sich das Eismeer im Grunde des Schlundes am Fuße des Felsens les Periades (k).

Der südöstliche Arm heißt der Gletscher Lechaud (l), der südwestliche ganz grünfarbige der gegen den Montblanc hin aufsteigt, der Gletscher des Tacul; hinter diesen thürmen sich empor die Aiguilles de Lechaud, im Hintergrunde die hinter einander sich erhebenden Zackengipfel der kleinen und großen Jorasses (i und No. 64) und mehrere andere, die aber von den nähern Charmoz zugedeckt werden. Längs dem Silberflusse des Eismeers liegen zu beiden Uferseiten gewaltige Morainen aufgethürmt, und selbst sein östlicher Rand ist mit vielen schwarzen Felstrümmern bedeckt, die linienartig sich entlang hinziehen, daher die Ostseite die Veine noire genannt wird, im Gegensatz der schneereinen westlichen, der Veine blanche der Aelpler. In einer Viertelstunde steigt man den steilen Felsrand hinab, nicht ohne banges Gefühl; von oben sieht das Eismeer noch wie eine Fläche aus, deren Wogen quer über schräg hinabwärts von einander sich ablösen; aber unten, so wie man die erste Eiswoge betritt, wachsen die andern zu Hügeln und Bergrücken an mit zwischenliegenden Thälern und Einsenkungen, so daß man in diesem überall coupirten Eishügellande sich bald verloren hat und nur wieder orientiren kann, wenn man von Rücken zu Rücken der Eiswogen steigt, neben denen aber immer der Höhe correspondirende tiefe Spalten in ungemessenen Abgrund hinunterklaffen. Himmelblaue Eisbrücken oder weiße Schneebrücken, bald breit bald schmal, bald sicher bald unsicher, immer zum Fortschreiten einladend, ziehen magisch hinüber über die Spalten, die bald nur Zollbreit, bald Fußbreit, bald mehrere Klafter weit auseinander gaffen, und zu denen man, wenn es Noth thut, auf natürlichen oder künstlich mit dem Beil gehauenen Stufen hinab- und hinaufsteigt, um weiter zu rücken, wenn auch oft, in langer Zeit, nur um wenige Schritte wahrhaft vorwärts zum vorgesteckten Ziele! Auf allen Seiten ist man zunächst von Eis, und entfernter von Felsennadeln umringt, ein wahrer Blick auf das polarische Spitzbergen oder das neuentdeckte Ostgrönland: denn auch gegen das versteckte Chamounythal schließt der Mont Breven die Aussicht. Nur am Fuße der Aiguille du Dru erblickt man ein grünes Weideplätzchen, les Plans de l'Aiguille genannt, wo den ganzen Sommer ein Hirt mit Kühen, Schafen und Ziegen zubringt, wohin kein Weg als über das Eismeer führt. Aber auch dieses Jahr haben dahin zwei Wölfe, die sonst das Eis scheuen, den Weg gefunden, und in drei Tagen 36 Merinno's erwürgt, die der industriöse Chamouniard auf jene Alpen brachte, weil er sie für ein sicheres Asyl seiner besten Habe hielt. Wird man durch eine Windsbraut oder ein Donnerwetter zum eiligen Rückzuge vom Eismeere genöthigt, so findet man wohl an seinem Rande unter einem großen Steinblock Schutz, auch wenn die Gesellschaft 10 bis 20 Mann stark wäre, unter einer der von der Höhe herabgestürzten aber ganz gebliebenen Granittafeln, die unter dem Namen des Pierre des Anglois bekannt ist, weil bis hierher Pocock und Windham 1741, die ersten Entdecker dieser neuen Welt, vordrangen und da ihr Mittagsmahl hielten.

Ueber den Montanvert muß man auf jeden Fall zurückkehren nach Chamouny, wenn man nicht tiefer in die Eiswelt vordringen will, kann aber einen andern steilern Weg grade herab, la Fedia genannt, zur Quelle des Arveiron (No. 70), der aus dem untern Ende des

Eismeers, hier Bois-Gletscher genannt, herabströmt, verfolgen. Man kann auf diesem Wege den furchtbaren Absturz der Eismassen zur Tiefe bis zum anstoßenden dichten Lärchenwald bewundern, den das Gletscherwasser des Arveiron in einer lieblichen Landschaft an den Weilern les Bois (No. 72) und les Prés (No. 73) vorüber, schlängelnd durchläuft, bis zur Einmündung in die größere Arve. Die Quelle des Arverion, die man im Vorübergehen zu sehen hat, ist am wildchaotischen Absturz und am Ende des Gletschers, ein prächtiges Eisgewölbe, aus welchem der goldführende Gletschersohn schäumend hervorstürzt, und zwischen zahllosen Felsblöcken und Eisstücken forteilt; mit jedem Winter deckt sich dieses Eisgewölbe zu, mit jedem Frühjahr bildet es seine Pracht von neuem; doch zu nahe hinzuzugehen, würde Verwegenheit seyn: nur Unbesonnene suchten tiefer einzudringen, um das Donnern entladener Pistolen im Eisgewölbe zu hören; einige herabstürzende Eisblöcke verstopfen den Strom: sie drangen nun tiefer in den blauen und grün schimmernden Porticus ein, als, wie wohl zu erwarten war, der eingedämmte Strom seine Riegel sprengte, mit angeschwellter Fluth von neuem hervorstürzte, alles mit seinen Wassern überschoß, den einen ersäufte, die andern zur Seite schmiß und mit fortgestoßenen Eis- und Felsblöcken ihre Glieder zerschmetterte, und nur einen der Verwegenen glücklich entfliehen ließ!

Will man aber nicht zurücksteigen, sondern auf dem Eismeere selbst weiter in das Innere des Gebirgs eindringen: so schlägt man am besten sein Nachtlager auf in der Hütte des Montanvert, und erwartet da, freilich ohne große Bequemlichkeit, jedoch mit frischen Kräften die Morgendämmerung des folgenden Tages. Im hohen Juli oder August ist dann schon Morgens um drei Uhr da keine Ruhe mehr: am Kaminfeuer werden die eisernen Eishaken in die Sohlen der Wanderschuhe geschraubt, der Kaffe wird von Führern und Reisenden gebraut und getrunken. Das Wetter wird betrachtet, vieles besprochen, berechnet; die Bündel mit den Lebensmitteln auf einen Tag werden geschnürt, die großen Alpenstöcke mit eisernen Stacheln ergreift man, und spätestens um 4 Uhr wird die Hütte verlassen, wenn eben das Meer der Morgennebel sinkt, die Schöpfung sich entschleiert, und unwiderstehlich bei solchem Anblick der feiernden Natur in stiller Bewunderung ein Dank- und Loblied Gottes sich aus der Seele drängt. Der erhabene Dom des Dru ragt noch grauschwarz in feierlichem Schweigen aus dem Nebel hervor, hinter und über seiner Felsstirn schimmern in tiefem Dunkelblau noch die funkelnden Sterne mit dem strahlenden Glanze der Tropenwelt: dieß gute Zeichen deutet den herrlichen Tag an, und auf schrägem Pfade zieht die muntere Karavane rasch über den Rasenhang und die Felstrümmer zum Schlunde des Eismeeres hinab. Nur eine gefährlich steile, nackte Felswand ist bis dahin zu durchschreiten, les Ponts genannt, an deren fast senkrechte Felstafeln man sich seitwärts lehnt, indem man vorsichtig den Fuß von Felsstufe zu Felsstufe setzt. In langem malerischen Zuge, der wie ein Schlangenlauf sich den Steilabhang hinabwindet, betritt man nach einer halben Stunde den Eisboden der Schlucht. Einer der Guides muß der Leiter des Zuges seyn, dem die andern gehorchen und folgen; dann erspäht ihr geübter Blick leicht zwischen den Eiswellen, in der Diagonale quer über das Eismeer in der Richtung des Couvercle (No. 84), die gefahrlosesten und nächsten Wege immer tiefer gegen das Innere hin. Indeß klärt sich der Himmel wohl ganz auf, alle Riesenspitzen umher steigen 9000, 10,000 und noch mehr Fuß hoch (z. B. die Aiguille du Dru 11556 Fuß) in die blauen Lüfte und zeigen sich vom Silberfuß an auf blauem Hintergrunde in einer Majestät, die nur, man fühlt es, ein irdischer Abglanz des Ewigen ist, aber doch ein Theil der Schöpfungen Gottes, wie sie in der Urzeit vom Finger des Allmächtigen berührt hervorging aus der Verwirrung zur Ordnung und Schönheit, und aus der Finsterniß an das Licht trat. Hier betritt man selbst die Werkstätte dtr Natur in ihrer ganzen sichtbaren Größe in feierlicher Stille an einem der ersten Schöpfungstage der Erde, da noch kein Gras und Kraut hervorgegangen war, und noch kein fruchtbarer Baum zur Erhaltung für Thiere und Menschen grünte; denn auch hier herrscht noch Todesschweigen und nur der Kampf der Elemente zeigt sich in voller Gewalt. Ueberall liegt noch grauer Schatten der entweichenden Nacht in den tausend Winkeln der Schluchten, und nur so eben badet sich die höchste Nadelspitze des Dru zuerst im goldenen erwärmenden Morgenstrahle des aufgehhenden Tagesgestirns. Wie ein electrischer Funke zündet dieser Schein die laute Freude in der Seele der Wanderer; nun zünden sich auch die hohen Felsennadeln eine nach der andern zu flammenden Kerzen an, und eine neue Erscheinung nach der andern setzt in Bewunderung, daß zwei Augen zu wenig sind in so kurzen Augenblicken alle Eindrücke zu fassen und der Seele zuzuführen.

Dabei gebietet das Meer der Eiswogen Aufmerksamkeit und Vorsicht. Das Eis der tausende von vorgelagerten Höhen und Hügeln ist so fest und hart und mächtig, daß selbst die schmetternde Gewalt abgefeuerter Kanonenkugeln wenig oder nichts dagegen vermöchte. Die Eisrücken, die öfter eine Länge von 10 Minuten und Viertelstunden, oft nur eine Breite von wenigen bis zu hundert Klaftern haben, steigen in ungemessne Tiefe, von der das Auge immer nur wenige hundert

Fuß

Fuß erspähen kann, wenn es auch noch so tief hinabblickt. Das Eis ist rein und dicht, nur seine Oberfläche, die täglich schmilzt, von Wasseradern durchfurcht wird, und jeden Abend wieder gefriert, ist blasig, mit Schutt und Gruß bedeckt, von herabgewehtem Granitsand und Felssplittern oft ganz rauh und scharf wie Raspel und Reibeisen, so daß es in der Morgenfrische die Sohlen der Schuhe leicht wie Glas zerschneidet, und dem Windspiel, das zitternd mitläuft, seine Fährten überall mit Blut bezeichnet. Die Stacheln der Alpenstöcke, der Rath der Guides, ihre Erfahrung, ihre Gewandheit, ihr unermüdeter Beistand, immer voran den besten Weg zu zeigen, die kleinsten Erhöhungen, die engsten Spalten, die sichersten Uebergänge zu suchen, kommen trefflich zu Hülfe. Wo die Spalten breiter sind, werden sogleich Fußstapfen in den Eisabhang mit den Alpenstöcken gestochen, ein Führer springt leicht voran, reicht die Hand, zwei andere stützen ihre Stöcke zum Geländer über den Spalt, der vierte leitet bis zum Fußtritte hin, und wenn die Abgrunde noch weiter klaffen, reichen sie die langen Stöcke von fern statt der Hände. Mit der größten Schnelligkeit und Sicherheit werden so Hunderte von Eiswogen und Schlünden übersprungen, auf denen viele Tausende von Granitblöcken festgefroren liegen, in deren blauen und schwarzen Tiefen überall Bäche rauschen, deren Silberschaum öfter aus der Tiefe heraufblitzt, oder deren Wasserfälle man wie reinen flüssigen Bergkristall aus einem seladongrünen Eisgewölbe in eine andere himmelblaue oder schwarze Eishöhle sich stürzen sieht. Zwischen den unzählichen Eistrichtern, die hinabgehen, liegen einzelne seltnere, runde, senkrechte, thurmtiefe Löcher, Moulins, aus deren Tiefen die unterirdischen Wasserstürze wie fernes Donnergetöse heraufbrausen. Der kühnste und wildeste der begleitenden Führer, ein gewandter Gemsenjäger, hat seine Freude daran, mächtige Felsblöcke in diesen Abgrund zu poltern, der dafür das Getöse der Unterwelt drohend heraufschickt.

So wie man auf diesem beschwerlichen Marsche das reinere Eis der Veine blanche verläßt, und die ersten Schutthügel der sogenannten Veine noire übersteigt, fallen auch die ersten Strahlen der höher gestiegenen Sonnenscheibe über die hohen Schattengestalten, schon auf die Fläche des Eismeeres hinab, und viele tausend Diamanten blitzen mit Einemmale auf seinen Flächen im Regenbogenlichte; tausende von frischen Eisflächen, die durch den Nachtfrost auch in der Sommernacht sich gebildet haben, spiegeln das Licht zurück und wirkliche Bergkristalle in Säulen und Pyramiden von den mannichfaltigsten Formen, durch die Zertrümmerung der Felssplitter hoher Granitgipfel aus ihrer Matrix gelöst, liegen auf dem Schneeteppich zerstreut umher, und ziehen den überraschten Wanderer mit magischer Gewalt zum Einsammeln an. An einem der Schuttkegel wird im wärmenden Sonnenschein Halt gemacht, und ein stärkendes Frühstück in der zehrenden Alpenluft eingenommen. Man übersieht von da erst ganz in der Nähe bis zur Spaltung des Gletschers am F ß der Perlades eine lange Reihe isolirter, schwarzer Trümmerkegel, deren man einige zwanzig in Einer Linie hinter einander zählen kann, welche, was sich bisher nicht erkennen ließ, die eigentliche Scheidung der Veine blanche und der Veine noire bilden, und ihr Daseyn offenbar dem Zusammenstoß beider von verschiedenen Gefällen kommender Eismeerflüsse verdanken, deren gegeneinander nach der Mitte zu schurrende und dringende Gewalt immerfort die Eis- und Trümmerblöcke aus der Tiefe nach oben zu Hügelreihen empordrängt, deren Eis dann nach und nach wegschmilzt, deren aufgehäufte Felstrümmer aber auf den unter ihren in Schatten liegenden Eishügeln kegelartig zurückbleiben müssen.

Man sieht hier am östlichen Uferrande des Eismeers, das man nach drei Stunden angestrengten Marsches in einer Diagonale querüber durchschritten hat, noch einmal zurück auf den gemachten Weg; man wird durch den eignen Anblick überrascht, ein so kleines Häufchen von Wanderern ganz einsam, ohne alle weitere lebendige Spur in einem so unermeßlichen Thalkessel auch völlig eingeschlossen zu sehen, in den von allen Seiten nur Felszacken und Eislasten herabzustürzen drohen, dessen Thalboden statt einer Wiese eine Eisfläche hat, und über dem ein dunkelblauer, völlig klarer Himmel ausgebreitet liegt, ringsum von scharfen Felskontouren abgeschnitten.

Auf dem Montenvert stand man schon 5724′ über dem Meere, links zur Seite stieg die Felsennadel des Dru zu 11556′ auf; nur allmählig war man bis jetzt bergauf, bergab, um weniges höher gekommen. Aber nun gilt es, die fast senkrechten Felsabstürze des Couvercle emporzuklimmen, um auf die Höhe des Talèfre Gletschers zu gelangen, in dessen Mitte das Gärtchen, le Jardin, liegt, oder le Courtil in der Sprache des Patois der Savoyarden. Aiguille du Couvercle heißt die ungeheure Felsenmasse, welche den Eckstein des innern Eismeerbassins ausmacht, wo das Eisthal sich in zwei ungeheure Amphitheater theilt, wohl die größten und erhabensten, die es auf dieser Erde geben mag.

Um vom Eismeere aus in das am höchsten gelegene zu gelangen, muß man etwa $1\frac{1}{2}$ Stunden aufwärtssteigen. Auf dem Eise dieß zu thun, würde unmöglich seyn, da der Talèfre-Gletscher wegen seiner abschüssigen Unterlage hier überall mit lauter grade und schief aufstehenden Thurmspitzen von Eis igelartig besetzt ist. Sie steigen grade hier zu einer ganz gewaltigen Höhe auf. Man muß daher an den Felsabsätzen, so gut es gehen will, aufwärts herumklettern. Diese Passage ist allerdins gefährlich, nur unter der Leitung guter Führer nicht. Diese haben schon für Stricke gesorgt, mit deren Hülfe sich die ersten hinaufschwingen, so daß die 5 Guides treppenartig übereinanderstehen und sich gegenseitig die Wanderer zureichen und aufwärtsschieben oder hinaufziehen, wie etwa Ziegelsteine von Handlangern auf die Höhe des Daches gebracht werden, nur daß hier alles mit unglaublicher Schnelligkeit geschieht, und wie im Sturme jede Gefahr besiegt wird. Hat man nur die ersten senkrechten, nackten Felsenwände überwunden, so genießt man dann das Vergnügen in dieser wilden Natur weit bequemer über die Felspfade fortzuschreiten, oft auf dem schönsten Rasenteppich mit der schönsten Alpenflora geschmückt, den noch kein sterblicher Fuß der Menschen betrat. Keinem der Wanderer wird dieser Weg sauer: denn jeder Schritt belohnt sich selbst. Nun ist endlich die Höhe des Couvercle überwunden; man hat die absolute Höhe von 8000 Fuß über dem Meere erreicht, man sieht das Ziel seiner Wünsche ganz nahe: denn vor dem Auge liegt nun offen das höchste Eisthal des Gebirges — ringsum ohne Ausgang, von himmelhohen, nackten Felsennadeln umzingelt, dessen Arena mit Schnee und Eis gefüllt ist, in dessen Mitte das grüne Dreieck, des Courtil liegt, wie eine bezauberte Insel. Man braucht nur noch über das letzte, wiederum horizontale, selbst etwas geneigte Schneefeld wegzueilen, das mit seiner blendenden Fläche die Eismassen trügerisch überdeckt, und an dieser Stelle eine rosenrothe in's zinnoberrothe spielende Farbe zeigt. Verläßt man den Rand des festen Felsbodens, um sich wieder auf das gefahrvolle Schneemeer zu begeben, und sieht man noch einmal die Felsenhöhen des Convercle hinauf, die man so eben überstiegen hat, so zeigen sich wohl hier die ersten lebendigen Wesen, Heerden von Schaafen von der Merinozucht, die den Führern im Thale gehören, und die sie bis hieher im Hochsommer auf die höchsten und saftreichsten Alpenweiden auf ihrem Rücken herübertragen, in Felsreviere, die selbst der Wolf nicht erreichen kann. Das schüchterne Windspiel, das uns bis hieher begleitet hat, selbst in Bangigkeit ob der Erscheinung, jagt ihnen durch seinen Anschlag schon von Ferne Furcht ein, und mit beneidenswerther Leichtigkeit gallopirt die Heerde die Felsen aufwärts, und ist bald dem Auge entschwunden. Ein kleiner Schwarm von geselligen Vögeln, der Printaniers, aus dem Bachstelzengeschlecht folgt ihnem, und dieß sind die einzigen lebenden Wesen, die man in dem ungeheuern Felsenthale erblickt.

In einer kleinen halben Stunde ist das Schneefeld durchschritten, das grüne Eiland erreicht, und eine einsame Insel der Südsee kann von den Seefahrern nicht mit größerm Jubel bestiegen werden; als diese von der Gebirgskaravane. Kaum ist der reizende bunte Teppich, den die schönsten Blumen schmücken, erreicht, und der laute Jubel verhallt, so sinken die matten Glieder nach so mannichfaltigen Anstrengungen nieder auf den Boden, den auf dieser Höhe nur noch kurze Alpengräschen bedecken, obwohl auch diese als weiches Lager erscheinen, wo sonst alles öde ist; die mitgenommene kalte Küche, der stärkende Wein, die Eisquelle neben dem Granitfels, alles labt und erquickt, und von oben die strahlende Sonne, die mit ihrer unumwölkten Scheibe anfangs so angenehm wärmt, bald aber so brennend heiß trifft, als wäre man ihr um die Hälfte näher gerückt; denn von allen Seiten werfen die nackten Felstafeln und die glatten Schneeflächen die

Sonnenstrahlen zurück, die wie im gemeinsamen Focus den grünen und bunten Schmelz des Courtil hervorzulocken scheinen aus der eisigen Umgebung. Ungemein schnell blühen darum hier die zartesten und schönsten Alpenblumen mit hochprangenden Farben auf, und ungemein rasch entwickelt sich die ganze Vegetation; am 21. August des heißen Sommers 1811 waren von der reichen Flora dieser polarähnlichen Insel nur noch wenige Repräsentanten in ihrem Blüthenschmucke übrig. Die Geschwindigkeit der Zeit wird gesteigert durch den Wechsel der Contraste; daher entfliehn ein paar Stunden auf dieser Erdstelle zugebracht wie Minuten! Kaum hat man Zeit die 10 Minuten lange Insel zu umwandern und alles nur ins Auge zu fassen. Ehe man hier in dieser neuen Welt sehen und die neuen Formen, Farben, Lichter, Entfernungen beurtheilen gelernt hat: so muß man die Insel schon wieder verlassen, um nicht noch von dem irreleitenden Dämmerlichte der Abendstunde in diesen Eisregionen überrascht zu werden. Dem heitersten klaren Mittage folgt hier oft die schaudervollste Vesperstunde.

Hätte man hier die Menge der Felsensplitter, die wie ungeheure Thürme noch mehrere 1000 Fuß überall im großen Kranze über den nackten Granitwänden emporragten, auch nur obenhin zählen wollen, so würden viele Hunderte nicht hingereicht haben. Am Fuße der Felswände breiteten sich die Schneefelder aus, die völlig wie schneeweißes Porzellan im Sonnenschein glänzten, und zwischen diese hingen viele grauliche Gletscher herab. Vom Lichtglanz wird das Auge geblendet und alle Sinne werden hier wie berauscht.

Der merkwürdigste Blick aus der Arena dieses völlig geschlossenen Felsamphitheaters eröffnet sich gegen S. W., wo der einzige Durchbruch durch die Felsmauer, zwischen zwei erhabenen Thorwächtern der hohen Pforte hindurch wie auf einer fernen Scene das wunderbarste Schauspiel zeigt.

Durch die einzige Lücke der Ringmauer ergießt sich der gefrorne Eissee, in dessen Mitte man steht, in das große Eismeer zum tiefern Thale, und jenseit desselben steigt wiederum ein ungeheures Eis- und Schneefeld auf, das man bis in die hohe Aetherregion zum Gipfel des Montblanc verfolgen kann. — Hier zeigt sich dieser König der Berge in seiner vollen Majestät; prachtvoll umhüllt ihn das schimmernde Hermelingewand, und berührt mit dem Saume die cristallenen Stufen des Thrones, dessen Stütze und Lehne aus unverwüstlichem Granit gehauen der Ewigkeit trotzend dastehn. Die Scheitel aber und die Sternenkrone des hohen Beherrschers erreicht von hier der Blick des sterblichen Auges nicht.

Aber der unendliche Saal unter dem dunkeln, schwarzblauen Gewölbe des Himmels, so weit ihn der Blick nur erreicht, ist erfüllt mit den Dienern seiner Macht. Zur rechten und zur linken umstehen den Thron bald höher, bald niederer die stolzen Vasallen in Granit gepanzert vom Kopf bis zum Fuß, und huldigen voll Ehrfurcht und schweigend ihrem Gebieter, der nur seine Stirn zu schütteln braucht, um die Gewalt der furchtbar geharnischten Schaar Verderben bringend gegen die Tiefe zu senden.

Wirklich, man muß in diesen seltsamen Felscollossen versteinte Giganten (le Geant No. 63) erblicken; es sind die mächtigsten Söhne der Erde; warum wären sonst diese Riesenkörper so aufgethürmt, in dieser schweigenden Einsamkeit und Stille, die kein Lebender betritt, die auch hier nur selten einmal das Gedonner der Lawinenstürze unterbricht, oder das gellende Pfeifen eines Murmelthiers, oder das Zirpen eines verirrten Printaniers: denn selbst die Gemse ist in diesen schneebedeckten oder nackten steilen Felshöhen nur ein seltner Gast und der Steinbock ist ganz aus diesen Regionen verschwunden. Durch die einzelnen, seltnern Erinnerungen an ein anderes lebendiges Wesen außer dem Menschen wird ein jeder selbst erst durch diese Unterbrechung erinnert an die tiefe Stille dieser erhabenen Natur, in der kein Tritt wiederhallt, in der ein jeder darum völlig schweigt, oder nur wie durch einen Zauber gebunden, ganz leise spricht um die heilige Stille nicht zu entweihen.

Doch die reine, berauschende Luft dieser Höhen, der schwarzblaue Himmel mit der hellsten Sonnenpracht, die trunken machenden Lichtspiegel von allen Seiten, der wechselnde Farbenschimmer aller umgebenden Dinge, das Spiel der sanftwehenden Lüfte und kleinen Wolkenkugeln, die sich am Rande des Felsenkranzes umherrollen, alles dieß darf nicht zu lange fesseln. Nach der Mittagsstunde muß der Rückweg begonnen werden.

Wie neugeboren erhebt sich die ganze Wanderschaar, denn die kürzeste Ruhe giebt auf diese Höhe die schnellste Erholung. Mit Schnelligkeit und Vorsicht zugleich muß nun das weichgewordene Schneefeld überlaufen werden, um nicht in die darunter verborgenen Eisspalten zu sinken. Man eilt um der Abwechslung willen auf einem andern Wege zum Absturz des Talèfre-Gletschers, und steigt ihn zur rechten behaltend an seiner linken Seite die Moraine hinab in das tiefere Thal. Mit dem Wechsel der Erscheinungen nun schon bekannter, bewundert man nur im Vorübergehn die chaotische Wildniß dieser Eismassen, und sucht vorsichtig bei jedem Tritt das Fortstoßen lockerer Steinmassen zu vermeiden, um die Voraneilenden nicht in Gefahr zu bringen. Sturm und Ungewitter hier zu erleben möchte verderblich seyn. Selbst der ungeheure Felsblock, der hier zur Seite liegt, der Pierre de

Berenger, der zuweilen schon in der Noth Schutz gab, möchte nicht für immer gleiche Dienste thun.

Der Rückweg führt weiter südlich als der Weg am Morgen über das Eismeer; auf den Eiswellen blitzt am Nachmittag das Sonnenlicht hier dem Wanderer wie Funken sprühend entgegen. Neu herabgestürzte Felstrümmer vom hohen Charmoz haben aus ihrem Schooße eine Saat von schimmernden Bergcrystallen ausgeworfen, die der Führer Begier reizt in wilder Lust die verwegensten Sprünge zu wagen, wie den Gemsenjäger die Hoffnung der Beute.

Der Zug der Wanderer setzt nun schon mit der Natur des Weges vertrauter mit ungemeiner Schnelligkeit im Lauf und Sprung über die Blöcke, Spalten und Eiswellen hinweg, uud dehnt sich bald weiter auseinander, wo das Eis flach ist; oder zieht sich in eine Linie zusammen, wo schwierige Uebergänge sich zeigen. Nicht leicht ist es, zwischen den tausend Wellenlinien weiter gegen den Ausgang des Meeres die Spur des Morgenweges wieder zu entdecken, obgleich man dreifach übereinander gehäufte Felssteine als Wegzeiger an die schwierigsten Punkte zu errichten pflegt, um sie beim Rückwege desto leichter wieder zu erkennen. Noch ist keine halbe Stunde mehr bis zum Rande des Eismeers zu gehen; aber schon seit einer halben Stunde haben prachtvolle Wolken-Cumulus, blendend weiß im blauer Aether um die Felsenstirnen gespielt, jetzt haben sie sich plötzlich herabgesenkt in die tiefe Thalschlucht und schiffen wie eine große segelnde Flotte über dem Eismeere hin; die Tiefe deckt schon feuchter Nebel, und die Aussicht ist von allen Seiten getrübt Die Führer selbst sind im Zickzack der Spalten und Eiswellen irre geworden in der Richtung des Weges, sie zerstrenen sich, springen mit ihren Alpenstöcken eiligst nach allen Seiten über die Eishügel hin, spähen der Richtung der Hauptspalten nach, sie sind dem Häufchen der Wanderer, das sich in banger Erwartung ruhig verhält, schon fast aus den Augen, sie rufen in ihrem Patois, geben sich Zeichen, kehren zurück, und führen mit Sicherheit aus der umnebelten Eiswelt zur Moraine hin. Den festen Felsen betritt man freudig wie der Schiffer den Strand, wenn auch noch schwierig der Aufweg ist. Das Gerippe einer vom Felsen herabgestürzten Gemse lag zwischen den Blöcken der Moraine. Jenseit ihrer Trümmer zeigen sich wieder die ersten Grashalme und Blätter. Nun kommt man zu dem Felspfade les Ponts zurück, und erreicht bald die Hütte des Montenverd, von der man selbst noch in der Abenddämmerung auf gebahntem Wege nach Chamouny zurückkehren kann.

3. Besteigung des Montblanc.

Wenn der Besuch des Eismeeres seine eigenen Beschwerden und Gefahren hat, so bietet die Besteigung des erhabensten, alle übrigen beherrschenden Gipfels dieselben in weit größerer Menge dar, da man schon auf der halben Höhe des Weges in eine dem menschlichen Organismus ganz ungewohnte atmosphärische Region eintritt, in welcher jeder Schritt mit Bedacht gethan seyn will, wenn er ungestraft geschehen soll, da hier auf dem abschüssigen Boden, den man zu betreten hat, überall neue unbekannte Erscheinungen sich zeigen. So wichtig eine solche Wanderung daher dem Naturbeobachter wird, der große und für das Ganze sehr wichtige Wahrheiten zu erforschen, auch sein Leben daran zu setzen den Beruf in sich fühlt, so wenig ist sie dem blos neugierigen Reisenden anzurathen, zumal wenn ihn nicht längere Wanderung im Hochgebirg abgehärtet und mit dem ernsten Character jener Höhen vertraut gemacht hat. Denn wenn ihn auch der treue Rath der Führer bis zu den Gipfeln der äußersten Schneehöhen begleitet, so ist die Hülfe, die ihm durch Andere werden kann, in jenen schwindelnden Höhen doch zu gering, wo Jeder, mehr oder weniger, nur auf seine eigene Kraft gestützt, sich durch die jedesmaligen immer neu eintretenden Schwierigkeiten hindurchzuarbeiten hat. Wer indeß mit Geistesgegenwart, Uebung und Körperstärke ausgerüstet die Besteigung des höchsten der europäischen Berge unternehmen will, wird auch, wenn das Glück ihn begünstigt, durch die Größe und Erhabenheit der Natur, die sich hier in ihren ungeheuersten Formen und Erscheinungen zeigt, hinreichend belohnt werden.

Die Anzeige der Versuche, welche zur Besteigung des hohen Schneedoms seit etwa einem halben Jahrhundert angestellt wurden, wird hinreichen, sich nach Anleitung des Reliefs in diese erhabene Natur so lebhaft hineinzudenken, als es sich mit Bequemlichkeit nur thun läßt. (F. Saussure Voy. und J. Hamel Versuch zweier Reisen auf den Montblanc. Wien 1821. Vue perspective de la Vallée de Chamouni etc. publiée p. Chr. de Mechel. Basle 1790.)

Diese verwünschten Höhen, die Monts Maudits, waren schon eine Zeitlang durch die beiden Engländer entdeckt, aber nur aus der Ferne gesehen, als H. v. Saussure, Professor der Naturwissenschaften der Academie in Genf, in den Kirchspielen des nahen Gebirgs 1760 und 1761 durch einen öffentlichen Anschlag demjenigen eine Belohnung versprechen ließ, der zuerst einen Weg auf den Gipfel des Montblanc ausfinden würde. Die benachbarten niedern Höhen waren den Hirten des Hochgebirgs und den Gemsjägern nicht so unbekant; aber da an seinem Süd, SW. und SO.-Fuße fast senkrechte Wände und an seinem N. NO.

und NW. Abhange die herabhängenden Eismauern, treuloser Schnee, Felsschurren, die Annäherung nur an sehr wenigen Punkten gestatteten, die erst ausgekundschaftet werden mußten, so wurden anfänglich nur zwei vergebliche Versuche gemacht zur Besteigung des Montblanc, vom Bossons Gletscher (Nr. 41) aus, und von dem des Tacûl (Nr. K. unter Nr 47). Erst vierzehn Jahre später wagten einige Dorfbewohner von Chamouni, die auf das Suchen von Bergcrystallen ausgiengen, über den Bossousgletscher hinaufzusteigen bis zu den nächsten Felsen des Grand Mulet (Nr. 45, c); die hohen Eisthürme und Schneemassen hielten sie ab weiter vorzudringen. 1784 erreichten zwei kühne Gemsenjäger aus dem Montjoie Thal die Aiguille du Gouté (Nr. 43). Dieser Fortschritt rief im Jahre 1785 den unternehmenden Genfer Naturforscher herbei, um von derselben Ostseite, den ersten Versuch zu wagen den Riesen der Berge zu erklimmen. Am 13. Sept. zog von Saussure mit seinen Begleitern vom Dorfe Bionnassay (Nr. 35) aus, am Gletscher hin, und erreichte gegen Abend an einer Felswand Pierre ronde (Nr. 45, h) vorüber gegen den Fuß des Gouté diejenige Stelle, wo durch die Fürsorge der Wegweiser und des Herrn Bourrit aus Genf, welcher Saussure begleitete, nebst dessen Sohn und 15 Gefährten, eine Steinhütte erbaut war, um in ihr die Nacht zuzubringen. Dieses Nachtquartier lag nach Barometerbestimmung 8532 Par. Fuß über dem Spiegel des Meeres. Sie hatten 5½ Stunde zu diesem Wege gebraucht. Am 14. Sept. erklimmten sie die Felswand der Aiguille du Gouté (Nr. 43) bis zur Höhe von 11442 Fuß, konnten aber wegen des weichen und tiefen Schnees nicht weiter kommen. Die Hitze war unerträglich. V. Saussure gab die Hoffnung auf, von dieser Seite den Gipfel zu ersteigen, die losen Steine erschwerten den Rückweg. Dagegen wurden alle Kräfte aufgeregt in den folgenden Jahren von der Nordseite des Alpenstocks das erwünschte Ziel zu erreichen. Denn nun erst überzeugte man sich, daß der einzig mögliche Weg den Gipfel des Berges zu erreichen vom Dorfe Chamouni ausgehen müsse. Der erste kühne Besteiger der höchsten Höhe nach so manchen vergeblichen Versuchen war 1786 Jacques Balmat, dem es gelang über Felsklippen, Gletscher und Schneefelder die einzige, seitdem immer wieder befolgte Passage auszukundschaften. Er erhielt dafür den Beinamen Balmat du Montblanc, auf den seine Nachkommen noch stolz sind, eine Belohnung vom Könige von Sardinien nnd ein freiwillig dargebotenes Geschenk von 17 Louisd'ors, die v. Gersdorf, der Naturforscher am Riesengebirge, in Sachsen für ihn gesammelt hatte. In demselben Jahre bestieg der Doktor Paccard, dem Balmat zum Wegweiser diente, am 8. August den Dome des Montblanc und alsbald wollte nun auch v. Saussure eine Wanderung auf den höchsten der europäischen Berge unternehmen. Drei Tage wurden dazu bestimmt, am Bergabhang la Côte (No. 42) auf den Felsen über Grand Mulêt (d) wurden vorläufig Steinhütten erbaut für das Nachtlager, und am 20. August an der Seite des Taconaz-Gletschers (No. 40) der steile Berg la Côte selbst erstiegen. Aber das einfallende Regenwetter zwang ihn mit seiner ganzen Begleitung nach Prieuré zurückzukehren und seinen Plan für dieses Jahr aufzugeben. Balmat ward für das folgende Jahr vom Monat Juni an zum Wächter des Riesenberges bestellt, um sogleich nach Genf Bericht zu geben, wenn wohl Hoffnung zu seiner endlichen Ersteigung eintreten werde.

Im Jahre 1787 fand v. Saussure den ganzen Juli im Chamounithale Regenwetter; aber mit dem ersten August sollte endlich sein lang vorbereitetes Werk gelingen, und die seitdem so berühmt gewordene Montblancbesteigung zu Stande kommen. Von 18 Führern und seinem Diener begleitet trat der unermüdete Naturforscher seinen Weg von der Prieuré an, wo sein Sohn Theodor v. Saussure (gegenwärtig Professor der Chemie in Genf) zurückblieb, um die nothwendigen vergleichenden Beobachtungen im Thale anzustellen, während der Vater die höhern Regionen der Atmosphäre nntersuchte. Am Abend des 1. August ward Halt gemacht in der Steinhütte von la Côte (No. 42) 7818 Par. Fuß über dem Meere. Marie Coutet ging mit zwei andern Führern sogleich voraus, um den besten Weg über den Gletscher auszumitteln, der am folgenden Morgen zu übersteigen war; er stürzte in eine Spalte, der Strick hielt ihn, die Begleiter zogen ihn wieder herauf. Der zweite Tag ward mit gefahrvollen Klettern und Aufsteigen über Eisklippen und Schneefelder zugebracht. Das Nachtquartier ward unter einem Zelte in einer Ebene des Schneefeldes, 11,970 Par. Fuß über dem Meere genommen. Das Donnern einer Schneelawine in der nächtlichen Stille war in schreckender Nähe. Am Morgen des dritten Tages, am 3. August ging der Marsch über die letzte Schneeebene dem Gipfel des Domes zu. Am steilen Schneeabhange stießen die Wanderer auf die Lawine, die in der Nacht von oben herabgestürzt war, und leicht sie alle hätte lebendig begraben können. Es wurde Halt gemacht und ausgeruht, um dann die gefährliche Stelle die Schneeschurre am Steilabhange in Einem Zuge zu passiren. Aber dieß gelang nicht, denn der kurze Athem ließ diese große ununterbrochene Anstrengung des Marsches nicht zu; v. Saussure sprach seinen bangen Führern Muth ein. Die Gefahr ward besiegt, aber über die Lawine hinaus ward der Abhang immer steiler, und gähnte zur linken in einen fürchterlichen Abgrund hinab, der in neuerer Zeit auch das Grab einiger Wanderer geworden ist. Die vorangehenden Führer hatten Stufen gehauen, sie aber so weit auseinandergelegt, daß man Gefahr lief sie zu verfehlen, und ein solcher Fehltritt hätte das Leben gekostet. Die Oberfläche des Schnees war mit einer dünnen Eisrinde bedeckt, die unter dem Fuße einbrach; darunter lag 8 bis 10 Zoll tiefer Staubschnee in den man bis an die Waden einsank, und dann gegen den Abgrund rutschte, während man blos durch die dünne Eiskruste aufgehalten wurde. Wäre diese einmal gebrochen, so würde die ganze Karavane unaufhaltsam bis in den furchtbaren Abgrund geschurrt seyn. Aber v. Saussure sagt: „ich dachte nicht an die Gefahr, mein Entschluß war gefaßt, ich wollte vorwärts gehen, so lange meine „Kräfte reichten." Er erklimmte glücklich die höchsten nackten Felsklippen (bei e) und ging von da ohne Schwierigkeit, doch wegen der Dünne der Luft sehr langsam, auf den Gipfel los, den er um 11 Uhr erreichte. In Chamouni, wo man ihn durch die Telescope begleitet hatte, wurden die Glocken des Kirchspiels geläutet und mit dem Triumph zugleich ein Dankfest gefeiert. Das Barometer stand zugleich in Genf auf 27 Zoll 1 Linie, auf dem Montblanc war das Quecksilber wegen des verminderten Luftdrucks herabgefallen auf 16 Zoll 1 Linie; daraus läßt sich die absolute Höhe des Gipfels auf die schon oben angegebene Höhe berechnen. Nun begann v. Saussure seine Untersuchungen über die Luftschichten der Atmosphäre in den höhern Regionen, bis zu denen bisher kein andrer Sterblicher sich erhoben hatte, dieselben, welche seitdem einer wissenschaftlichen Meteorologie die Bahn gebrochen haben. (Beschreibung derselben in Sauss. Voy. §. 2003 — 2022). Nach einem Aufenthalte von 5 Stunden auf dem Dome des Riesenberges fing die Alpenkaravane an von demselben wieder herabzusteigen, und lagerte sich 1200 Fuß tiefer als die Nacht zuvor, bei einem Felsen rocher de l'heureux retour genannt. Auch diese dritte Nacht ward in den hohen Polargefilden glücklich durchlebt und am Morgen des vierten Tages der Rückweg über la Côte genommen. Zur Mittagszeit langten alle ungemein ermattet in der Prieuré von Chamouni an.

Nun war der Montblanc zugänglich geworden und erreicht, was dem Genfer Naturforscher noch vor wenigen Jahren als ganz unmöglich erschienen war.

Drei Tage nach v. Saussure's Rückkehr kam der englische Obrist Beaufoy nach Chamouni, und beschloß dieselbe Reise zu machen. Er miethete 10 Führer, Mich. Cachat als Anführer des Zugs. Am 8. August um 7 Uhr ging die Reise fort; um 12 Uhr war er auf la Côte, von da in 2½ Stunden über den Gletscher zum Schneefeld, um 5 Uhr an der für Saussure 1786 erbauten Felshütte, 8538 Fuß über d. M.; sie wurde vom Schnee gereinigt und darin übernachtet. Am 9. August um 3 Uhr Morgens früh aufwärts; schon um 7 Uhr ward gefrühstückt wo v. Saussure die zweite Nacht geschlafen hatte. Am letzten Abhange mußten Fußtapfen eingehauen werden; höher oben wirkte die verdünnte Luft so auf Beaufoy, daß er schläfrig ward, den Muth zur fernern Ueberwindung der Gefahren verlor, sich Vorwürfe über das ganze Wagstück machte, nnd der Spitze schon ganz nahe beinah umgekehrt wäre. Nur das Gefühl der Schande hielt ihn davon zurück. Schon um 11 Uhr kam er oben an; sechs seiner Führer und sein Diener warfen sich sogleich auf das Schneefeld nieder und versanken in tiefem Schlaf. Der Obrist beneidete sie um ihre Ruhe, beschäftigte sich aber beim culminiren der Sonne in der Mittagsstunde damit, die bisher gänzlich unbekannte geogra-

phische

phische Breite des Montblanc aufzunehmen, die nach ihm auf 45° 49′ 59″ N. Br. bestimmt ward. (Die Länge, auf 24° 46′ 35″ Oestl. L. von Ferroe ist noch sehr unsicher). Nach 2 Stunden Aufenthalt fing er an herabzusteigen, um halb 7 Uhr war er an der Stelle des vorigen Nachtlagers. Kaum eingeschlafen weckte ihn ein heftiger Schmerz in Gesicht und Augen. Das Gesicht überzog eine große Blase, die Augen konnte er nur öffnen, als er sie eine halbe Stunde lang mit warmem Wasser gebähet hatte. B. hatte auf der Höhe versäumt Gesicht und Augen mit einem Schleier gegen den zurückprallenden Sonnenstrahl vom Spiegel des Schneefeldes zu bedecken. Glücklicher Weise fand am folgenden Morgen einer der Führer beim nahen Gletscherübergange eine grüne Brille, die ein Glied der frühern Gesellschaft hier verloren hatte; mit deren Schutz gegen den zerstörenden Lichtstrahl ward es dem bisher so raschen Wanderer allein nur möglich seinen Rückweg nur langsam fortzusetzen; am 11. kehrte er nach Prieuré zurück, litt aber noch lange nachher an den Augen. 1788 und 1792 wurden zweimal auf minder besonnene Weise von größern Gesellschaften Versuche zur Ersteigung jener Höhen wiederholt; aber sie fielen nicht nur zwecklos, sondern auch unglücklich für die Unternehmer aus. Mehrere erfroren ihre Glieder, einem der Führer zerschmetterte ein herabstürzender Fels den Schenkel, einem andern den Schädel, die vier Engländer, welche die letztere Expedition veranlaßten, wurden alle verwundet.

Zehn Jahre lang unterblieb jeder neue Versuch, bis 1802 die Herren Forneret aus Lausanne und von Orteren aus Curland mit 7 Führern unter Jacq. Balmats Leitung den Gipfel wieder einmal erreichten. Den 10. August drangen sie über la Côte zu den Felsen der Mulets, wo sie in der Saussurischen Steinhütte übernachteten. Am 11. drangen sie weiter vor, aber schon um 10 Uhr Morgens wurden sie von dichten Wolken umgeben, heftiger Sturm stöberte den Schnee hoch auf in die Lüfte; die Reisenden ließen sich nicht abschrecken und erreichten um 1 Uhr die Gipfel des Dome. Die Gewalt des Sturms nöthigte sie, sich dicht einer neben den andern zu setzen und gegenseitig zu halten, um nicht hinabgestürzt zu werden. An Beobachtungen und an Aussicht war natürlich in dieser Lage nicht zu denken. Das Thermometer stand 7 Grad Reaum. unter dem Gefrierpunkt. Nur 20 Minuten lang war diese furchtbare Lage auszuhalten; das Herabsteigen war nun sehr schwierig, denn die Nebelwolken ließen die halb mit frischem Schnee zugeweheten Spalten nicht sehen. Doch kehrten die Wanderer um 5 Uhr glücklich zu ihrem vorigen Nachtlager zurück. Am nächsten Morgen fanden sie die Schneemassen unterhalb der Klippen des grand Mulet viel zu tief, um den alten Weg längs der Ostseite des Bosson-Gletschers zu gehen; sie gaben daher ihre Sachen und Provisionen, die sie auf la Côte zurückgelassen hatten, auf, und setzten quer über den Bossongletscher hinüber zum Fuß der Aiguille du Midi (No. 65 bei b). Sie scheinen die ersten Reisenden zu seyn, welche diesen mehr directen Weg gegen Chamouni hin nahmen, der seitdem gewöhnlich betreten worden ist. Gegen 2 Uhr des 12. August langten sie zwar glücklich wieder in Chamouni an, gelobten aber, daß nichts in der Welt je sie bewegen solle, ein ähnliches Abentheuer zu wiederholen.

Im Jahr 1815 kam der österreichische Obrist Baron von Welden auf einer militairischen Rekognoszirungsreise der Savoyer Alpen nach St. Gervais (No. 23), um durch das Chamounithal in das Wallis zu gehen. Er nahm 5 Führer von dem Bade St.

Gervais mit, einen aus Bionnassay (No. 22), zwei aus Contamines (No. 19). Am 14. Juni brach seine Karawane früh um 3 Uhr auf. Nach vielen Mühseligkeiten ward am Abend um 8 Uhr die Aiguille du Gouté (No. 45) erreicht, wo sie die fürchterlichste Nacht aushalten mußten, die sie für die letzte ihres Lebens hielten. Um sich der grimmigen Kälte zu erwehren, stellten sie sich in ein in dem Schnee gemachtes Loch dicht nebeneinander, bedeckten sich oben mit ihren Mänteln und hielten nun Hände und Füße in beständiger taktmäßiger Bewegung, wie beim Dreschen etwa, um nicht zu erstarren. Am Morgen entstand Streit unter den Führern über den einzuschlagenden Weg; wegen der dichten Nebel behaupteten sie sich nicht gehörig orientiren zu können. Da v. Welden sich nun überzeugte, daß keiner den Weg zum Gipfel mit Genauigkeit kannte, so gab er seinen Plan auf, und stieg am Westrande des Taconnay-Gletschers (No. 40) gegen das Chamounithal hinab. Es waren fürchtbare fünf Stunden, nach denen er zuerst wieder Felsboden mit Krumholz erreichte, die er nach seinem eigenen Geständniß voll Andacht für die Gnade der Errettung küßte. Um 7 Uhr betrat er den Boden des Dorfes les Ouches (No. 36) im sichern Thale.

Im Sept. 1816 nach Beendigung des Feldzuges bestieg Graf L u s i in Königl. Preußischen Kriegsdienst mit Muth und Glück den Riesenberg. Mit 7 Führern, zu denen sich noch Mich. Carrier, ein kühner Gefährte gesellte, zog er am 15. September von der Prieuré gegen 10 Uhr aus, durch Waldung zur schön gelegenen einsamen Sennhütte (bei a), die von der Familie des P. Fr. Favret, eines Saussureschen Reisegefährten, drei Sommermonate hindurch bewohnt wird, von da gings gegen den Bossons Gletscher hin; um 2 Uhr mußte ein gefahrvoller Fels umklettert werden, an dessen Seite rechts der steile Abgrund sich anschloß, aus dessen Tiefen die Eispyramiden des Gletscher aufstarrten; jenseit desselben hing die erste schiefe Schneeebene von der steilen Aiguille du Midi herab. Hier (bei b) hatte man einen prachtvollen aber furchtbar schönen Rückblick; zur rechten das tiefe Chamounithal, zur linken das Mittagshorn gespickt mit senkrechten Felszinnen, zu den Füssen den Gletscher, gegenüber in ziemlicher Ferne der Dome du Gouté aufsteigend. Der Mont Brevent (No. 76) jenseit des Chamounithals liegt nur noch wenig über das Niveau dieses Standpunktes; dahinter steigt der Buet (No. 147) empor mit seiner Schneekuppel, gegenüber der Montblanc, den aber die Vorhöhen maskiren. Am Bossons Gletscher wurde Halt gemacht, aus seiner Schnee- und Eisflanke eine große Leiter hervorgegraben, die zum Uebersetzen der Spalten diente. Indem stürzte eine Felslawine in Bombenschüssen mit ungeheurer Gewalt vom Mittagshorn herab; zum Glück ward keiner der kleinen Wandergruppe dadurch beschädigt, die nun auf den Schneefeldern und Gletschern wegen der tiefen hemmenden Spalten weniger der Gefahr solcher stürzender Massen ausgesetzt war. M. Carier ging voran mit doppelten Stricken unter den Armen, die ihn an drei andre Guides fesselten, welche die Leiter trugen, die andern waren durch ein zweites Seil verbunden, Graf Lusi in der Mitte. So wurde in vielen Umwegen über Schneebrücken und Spalten, unter dem beständigen Gedonner der unsichtbaren Avalanchen an den Fährten der Gemsen und Spuren der Murmelthiere vorüber, der jenseitige Rand des Gletschers erreicht um 6 Uhr, nahe an dem Fels der grands Mulets, wo Saussure die Nacht zubrachte. Aber eine ungeheure Spalte hatte sich hier gebildet, die es unmöglich machte den Fels zu besteigen. In einer Schneegrube 10 Fuß lang, 6

Fuß breit, 4 Fuß tief wurde das mitgenommene Stroh zum Lager ausgebreitet, und über die eingesteckten Alpenstöcke eine Art Zeltdecke ausgebreitet, darunter ein Kohlenbecken angezündet, um Schnee zum Trinken zu schmelzen. Der Himmel war hell und heiter, die Nacht kalt, und feierlich die Stille in dieser Höhe. Mit der Dämmerung des zweiten Tages wurde aufgebrochen, ein böses Schneefeld, stark geneigt, mit einer tiefen Spalte nach unten mußte überstiegen werden, ungeheure Eisklippen hingen über den Köpfen und drohten den Absturz. Man durfte nicht lange weilen, und doch hemmte die dünne Luft die schnelle Bewegung. Das Himmelsgewölbe zeigte sich schon schwarzblau, man stand im Niveau mit dem Buetgipfel (Nr. 147) der Blick gegen die Schweiz hin war ins unermeßliche ausgedehnt. Nach einer Stunde Wegs schien alle Gefahr dieser Schneelähne überwunden zu seyn, als eine ungeheure und sehr lange Spalte aufklaffte, die vom Dome du Goute (No. 44) bis zum Mittagshorn quer überzog, und überall den Weg sperrte. Denn beide Leitern zusammengebunden reichten nicht über sie hin, und schon rüstete man sich zur Rückkehr. Endlich fand sich noch in der Tiefe der Spalte an einer einzigen Stelle eine enge Brücke zum gefahrvollen Uebergang. Diese Noth und endliche Passage hatte um 2 Stunden verspätet. Die Hitze wurde unerträglich, der Durst peinigend, Schnee im Munde löschte ihn nicht. Nach einer halben Stunde Aufklettern betrat man das kleine Schneeplateau (Petit Plateau), von wo der eigentliche Montblanc-Kegel beginnt. Diese seine Basis liegt fast in gleicher Höhe mit dem Dome du Gouté und der Aiguille du Midi. Dieß sogenannte Schneeplateau hat nur ungefähr 100 Schritt Breite, ist ganz platt, aber gefährlich durch herabstürzende Lawinen, deren angehäufter Schutt es eben wahrscheinlich horizontal gebildet hat. Daher wurde schnell vorübergeeilt und Stillschweigen von den Führern geboten, um keine Avalanche durch Getöse von der Höhe abzulösen, eine Meinung, die bei den Führern festgewurzelt ist, seitdem einer derselben durch eine Schneeschurre überschüttet ward, nachdem er eine Pistole am Col du Géant losgeschossen. Auch das Hinsetzen erlaubten die Führer nicht zum Ausruhen, sondern nur das Hinstellen auf den Alpenstock gestützt mit dem Blick nicht gegen den Berg sondern thaleinwärts. Von hier ist das Aufsteigen zum großen Schneeplateau (grand Plateau) nicht gefährlich aber sehr beschwerlich im Zickzack eine Stunde lang auf Schnee, dessen Oberfläche nur gefroren ist. Auf dieser erhabenen Schneefläche diente ein Eisblock zum Tisch; beim Essen sahe man plötzlich eine Art Wolke vom Dome herabkommen, ein böses Omen. In wenig Minuten nahm die Kälte so zu, daß man aufbrechen mußte um sich zu erwärmen, zum Schrecken der Gesellschaft fiel das Thermometer auf 8° Reaum. unter den Gefrierpunkt, es war Mittag, und das Auge täuschte im dünnen klaren Luftraum, als lasse sich schon in einer Viertelstunde der Gipfel des Riesenberges erreichen. Der Marsch zog links zum letzten nackten Fels hin, der wegen der Steilheit seiner Seiten niemals vom Schnee bedeckt ist. Eine Schneewolke begrub hier die Wanderer in wenig Augenblicken bis an den halben Leib in Schnee; und setzte sie in Angst lebendig begraben zu werden. Nach den außerordentlichsten Anstrengungen eines Jeden fanden sie erst festen Fuß, Ruhe und Schutz auf dem schwarzen Fels (unterhalb e). Hier breitete sich dem erstaunten Auge der prachtvollste Ueberblick aus über alle Alpen Deutschlands und Italiens, unter denen der Mont Rosa allein noch in majestätischer Größe emporragte. Von hier glaubte man in einer halben

Stunde den erhabensten Rücken erreichen zu können; aber der erste Guide, der vorwärts schritt, sank bis an den Hals in Schnee und konnte kaum mit Hülfe der Stricke gerettet werden. Der vom Gipfel herabgewehte Schnee hatte den Raum zwischen dem Gipfel und dem Fels ausgefüllt; auf dieser Seite war weiteres Vordringen unmöglich. Die Lage war sehr schlimm, die Augen waren entzündet, die Haut glühte, die Lippen waren aufgesprungen, die Füße im Schnee erstarrt, drei Guides bluteten aus der Nase, einer aus dem dem Munde, einer war schwindlich und sank in Schlaf. Graf Lusi wollte seinen Plan nicht aufgeben, und sahe sich einen Umweg aus, den Gipfel zu erreichen, indem er erst wieder an der südöstlichen Steilseite eine Strecke hinabstieg, um an der entgegengesetzten Seite wieder hinaufzusteigen. So erreichte er um halb 3 Uhr gegenüber auf dem Montblancrücken einen Punkt, der mit dem verlassenen Fels im Niveau lag, und stieg dann auf einer sanften Lehne, wo fester Tritt war, gemächlicher zum Plateau des Gipfels empor, das er um 3 Uhr 12 Minuten erreichte. Doch blieb zur linken noch in schiefer Richtung der erhabenste Punkt zu besteigen übrig, der etwa 40 bis 50 Toisen höher lag. Die Führer berechneten, daß jenen Gipfel zu erreichen noch dreiviertel Stunden Zeit nöthig sey, und wenigstens 4 bis 5 Stunden bis zum nächsten Bivouac; dieß würde in die Nacht geführt haben, ein Nachtquartier anderswo war unmöglich ohne zu Eis zu gefrieren. Die Klugheit rieth daher das Leben von zehn Menschen hier nicht auf das Spiel zu setzen; die erreichte Höhe betrug gegen 14660 Fuß; die Aussicht war hier dieselbe wie auf der äußersten Spitze, das große Ziel war erreicht. Auf den Knieen dankte der Wanderer dem Allmächtigen für seinen Beistand, brachte dann seinem Könige Friedrich Wilhelm dem Gerechten ein dreifaches Hurrah und leerte dem Befreier des Rheins zu Ehren eine Flasche Rheinwein auf der höchsten Spitze Europa's. Das Meer erblickte er nicht, aber wohl die Berge der Appenninen vor dem Golf della Spezzia gelagert, und unter sich die tausendfältige Verzweigung und Gestaltung des Alpengebirgs in seinem wundervollen Bau. Der Anblick des übrigen ist zu groß, die Gegenstände sind zu fern und zu zahlreich, um Genuß zu gewähren; der schöne Genfer Seè erschien wie ein Teich, die Stadt Genf wie ein Steinhaufen, Chamouni in directem Abstand nur eine Lieue abwärts ganz nahe; das Himmelsgewölbe über dem Erdkreis so dunkelbau, daß der preußischblaue Rock ganz hell dagegen aussah; aber allmählig abnehmend und gegen den Horizont immer heller werdend. Die Sonne leuchtete weiß mit eigenthümlichen Glanze, der Mond, der auch über dem Horizonte stand, schien röthlich, Sterne sah man nicht; das Thermometer stand auf $3\frac{1}{2}$ Grad Reaum. unter dem Gefrierpunkt. Nach einer guten Viertelstunde Aufenthalt begann der fast übereilte Herabweg; um 7 Uhr ward das Nachtlager erreicht, die Füße waren erfroren. Am dritten Tage wurde dadurch der Rückmarsch zum Fuß der Aiguille über den Bossons-Gletscher sehr erschwert; beim Herabweg hörte man den Sturz von mehr als dreißig Avalanchen, bei deren Donner man nur 8 davon wirklich mit dem Auge erreichen konnte, weit größer pflegt die Zahl derselben gegen Mittag zu seyn. Um 2 Uhr wurde die erste Sennhütte erreicht, wo fester Boden, warme Milch, Feuer, Menschen und die Freude des Wiedersehens erquickte; aber die erfornen Glieder mußten noch lange nachher mit Sorgfalt gepflegt werden.

Die Versuche des polnischen Grafen Malczesky im Jahr 1818, auf einem neuen Wege über den Tacül (No. 47) zum Montblanc aufzusteigen, gelangen nicht;

zwei Nordamerikaner bestiegen im Juli 1819 den Gipfel, ihre bekannt gewordenen Nachrichten liefern aber keine neuen Aufschlüsse.

Das Jahr 1820 wurde für die Montblancbesteigung leider durch das schaudervolle Unglück merkwürdig, das drei der trefflichsten Führer auf seiner Höhe traf, worüber eine umständliche Beschreibung bekannt gemacht worden ist (Jos. Hamel Beschreibung zweier Reisen auf den Montblanc im Aug. 1820 Wien).

Der Aufbruch von Chamouni geschahe nach vielen Vorbereitungen zu wissenschaftlichen Experimenten, welche auf der Berghöhe die v. Saussureschen Beobachtungen ergänzen sollten, am 18. August von der Prieuré aus. Den russischen Arzt Dr. Hamel begleiteten zwei Engländer J. Dornford, G. Henderson von Oxford, und M. Selligue aus Genf, jeder mit 3 Führern, also mit 12; eine Karawane von 16 Personen. Am ersten Tage ward ohne besonders neue Ereignisse schon um 3 Uhr Nachmittags der Fels des grands Mulets (unter d) erreicht, der etwa 300 Fuß senkrecht über die umringenden Eis- und Schneemassen emporragt, und man würde das Nachtlager noch höher hinauf verlegt haben, wenn nicht eine schwarze drohende Wolke, die sich im Westen bildete, es rathsam gemacht hätte, fürs erste auf dieser hohen Felsinsel im Schneemeere zu verweilen, ehe man sich in neue Gefahren auf die größere Höhe begebe. Der Wärmemesser zeigte + 10 Grad Reaum; Regen drohte, an die senkrechte im rechten Winkel ausgeschnittene Felswand stellten die Führer die Leiter, und die Stöcke als Hypothenuse, und darüber die schützenden Decken. Bald stand der Fels mitten in der Gewitterwolke, die sich in Wasserströmen unter furchtbarem Donnern entlud, und durch die unzähligen Blitze alles in Feuer setzte. So wurde die furchtbare Nacht zugebracht und auch den ganzen folgenden Tag, der 19. August, mußte unter dem Krachen der Avalanchen umher, unter Gewitterstürmen und Hagelwetter Rast gehalten werden unter der Felswand. Am Morgen des dritten Tages, am 20. August, glänzte der Gipfel des Montblanc im Strahl der aufgehenden Sonne; daher brach die Karawane frühe auf vom grand Mulet, obwohl ein Wolkenmeer sich bald darauf zu den Füßen der Wanderer über die ganze Landschaft verbreitete, weiß mit unbewegter ebener Oberfläche, aus der nur hie und da die Spitzen der höchsten Berge wie Inseln aus einem gemeinsamen Meeres-Niveau hervorragten, in weitester Ferne aber der breite Schneerücken des Buet. Schon um 7 Uhr fing dieser Wolkenteppich an Löcher zu bekommen. Die Dünste lösten sich auf; durch eine der Oeffnungen erblickte man einen Theil des Chamounithals gleich einer auf die Wolkenfläche schön gemahlten Landschaft; überraschende Staunen erregende Phantasmagorien und wechselnde Luftgebilde, zwischen denen die Karawane im Zickzack mahlerisch hinaufstieg. Zwanzig Minuten nach 7 Uhr ward die erste der drei Schneeebenen (Plateaux) erreicht, die zwischen dem Dome du Gouté und den Monts Maudits (bei e) der Felsreihe, welche die östliche Schulter des Montblanc bildet, eine nach der andern von Nord gegen Süd des Gehänge des Montblanc emporsteigen. Hier liegen die ungeheuren in die Luft aufstarrenden Eisblöcke, Seracs genannt, (so heißen die parallelopipedisch gepreßten Molkenkäse der Savoyarden) die man von Chamouni aus gut sehen kann. Der dunkelblaue Himmel neben diesen blendendweißen Eisthürmen schien fast schwarz zu seyn. Die Sonne hatte einen großen Hof. Dreiviertel 8 Uhr wurde an einem Abhange von 30 bis 35 Grad Neigung hinan die zweite kleinere Schnee-Ebene erstiegen; nach abermaligem Aufsteigen halb 9 Uhr die dritte und letzte dieser Ebenen, an der südwärts nun die steile Wand des Dome selbst emporsteigt, dessen absolute Höhe Dr. Hamel, nur noch 1000 Fuß, aber Fr. Ellissold weit richtiger, an 3000 Fuß hoch schätzte. Hier brachen die Führer schon in laute Glückwünsche voll Freude wegen der überwundenen Gefahren aus; nun sey gewonnen Spiel; nie sey eine Best igung rascher und besser geglückt als diese. Der Schnee hatte allerdings die rechte Festigkeit, um darüber hinzuschreiten; keiner war unpäßlich geworden, obwol der Einfluß der dünnen Luft gespürt ward. Dr. Hamels Puls schlug 130 Schläge in einer Minute, jeden Augenblick mußte er Schnee in den Mund nehmen, um den brennenden Durst zu stillen. Nach einer kleinen Rast auf diesem erhabenen Schneeplateau, wo die letzte Speise eingenommen und alles zum experimentiren auf dem Gipfel vorbereitet, auch der Zettel geschrieben ward, den man einer Brieftaube zum Rückflug durch die dünne Luft vom Gipfel nach Chamouni anband, zog die Karawane langsamen Schrittes über die Schneefläche weg, an deren Eingang man sich gelagert hatte. An ihrem südwestlichen Winkel mußte der Schneeabhang erstiegen werden, welcher der ganzen Breite der Ebene entlang sich gegen den Gipfel erhebt bis zur Hälfte seiner Höhe. Dann gings in horizontaler Linie links gegen Ost gegen die höchsten Glieder der nackten Granitfelsen an der Ostschulter des Montblancs (bei e), von denen man schon Italien erblickt, und sich dann wieder rechts wenden muß, um die Kuppe zu erreichen. Hier, erzählt Hamel, kann man nicht von der Schneeebene grade zu auf den Gipfel hinaufgehen, weil zwischen ihm und dem Abhange furchtbare Eismassen (Seracs) sich senkrecht erheben, von denen oft große Stücke abbrechen und Avalanchen bilden. In dem Winkel zur rechten Hand gegen West, ehe wir uns wieder gegen Ost wandten, leiteten uns die Führer, um eine weite Spalte im Eise zu umgehen, welche zwischen dem Abhange und der Schnee-Ebene dahinlief. Einer ging hinter dem andern; ich war einer der hintersten und holte die Gesellschaft erst ein, als sie schon auf der halben Höhe, d. h. gleichweit von den Eis-Seracs zur Rechten und der Schneeebene zur linken entfernt, in horizontaler Linie östlich zog. Die beide Engländer hatten auf mich gewartet, und so waren wir die Letzten des Zugs. Alle Augenblicke machten wir Halt, keiner sprach, auch das reden ermattet, man muß schreien auf der Höhe um nur in einiger Entfernung gehört zu werden. Alle zwölf Schritt schnappte ich, auf meinen Alpenstock gelehnt, nach Luft; ich blickte nur hinauf nach den Eisblöcken, die wie so viele an Haaren aufgehängte Schwerter drohten. Durch die grüne Brille und den Flor sah ich auf meine Füße; plötzlich sah ich den Schnee unter mir weichen — der Schnee warf mich um, bedeckte mich, riß mich rückwärts fort. Ich machte mir das Gesicht frei, die ganze Schneefläche war in Bewegung — doch sie stand wieder — ich selbst sah nun erst die Gefahr — ich lag am Rande einer bodenlosen Eisspalte, die den Abhang begrenzt und ihn von der Ebene scheidet. Zugleich sahe ich Hendersons Kopf noch näher an diesem Schlunde aus dem Schnee hervorragen, dann Dornford und drei Führer — aber die andern fünf erschienen nicht. Da rief M. Balmat jammernd: sie sind im Abgrunde! Einer der fehlenden war sein Bruder. Dornford warf sich voll Verzweiflung zum Boden nieder, Henderson schien Nervenanfälle zu bekommen. Nach ein paar Minuten Arbeit kroch noch ein Verschütteter aus dem Schlunde hervor, bald ein zweiter; aber die 3 übrigen erschienen nicht. Die Führer fürchteten eine zweite Schneerutsche, sie riefen zurück! das war aber unmöglich.

Erst sollte Alles zur Rettung der Verunglückten geschehen; Henderson und Hamel stiegen den Schlund hinab, sondirten mit ihren Stöcken, nur der Führer Coutet blieb bei ihnen, die beiden Engländer wurden von ihren Führern fortgerissen. Alles Forschen war vergeblich, an Gefahr dachte man nicht, auch Coutet verlor seinen Alpenstab zum sondiren. Die unglücklichen Drei blieben lebendig begraben — Schrecken führte uns nun zurück, an das Besteigen des Gipfels dachte man nicht mehr. Wie im Fluge hinab ward der grand Mulet (bei d) erreicht, wo sich die Unglücksgefährten wieder sammelten. Ein furchtbarer Eisthurm war indeß hier herabgedonnert und hatte unsern frühern Platz mit Eistrümmern überdeckt, auf einer mit ungeheuern Spalten umgebenen Eisinsel lag eine todte Gemse, die wohl den Rücksprung nicht wagend dort vor Hunger umgekommen seyn mochte. Mit dem Dunkel am Abend betraten wir Favrets Sennhütte, wo eiligst die erste Restauration genommen ward; mit unglaublicher Schnelligkeit ward um 9 Uhr schon der Gasthof der Prieuré erreicht und die Trauerbotschaft durch den ganzen Ort verbreitet.

Dieses Unglück scheint dadurch veranlaßt zu seyn, daß die obere Schneeschicht des Abhanges auf einer beglatteisten auflag, die sich auf derselben blos durch die große Menge der Berührungspunkte hielt. Da aber durch die Fußstapfen, sagt Hamel, in horizontaler Linie ein Theil derselben abgeschnitten worden war, so rutschte die ganze über der Karawane befindliche Portion der obersten Schneeschicht herab und nahm die Wanderer selbst mit fort; an der Spitze des Zugs war der Abhang steiler als hinten, wo die Neigung 30 Grad gezeigt hatte, nach vorwärts war die Schneemasse weit beträchtlicher, zumal nach oben zu. Daher schleuderte sie die ersten mit größter Gewalt nach der größ ten Tiefe, die drei vordersten verunglückten, die folgenden konnten sich noch befreien von der Schneelast, und die hintersten blieben von ihr unbedeckt. Ein so trauriges Ende nahm dieses Unternehmen durch diese furchtbare Rutschlawine (Suogglischnee) so nahe am Ziele. Dieselbe gefahrvolle Stelle muß bei jeder Montblanc-Besteigung begangen werden, da es keine andere Möglichkeit giebt den steilen Dome zu erreichen.

Durch besonderes Glück nicht nur zeichnete sich die letzte Besteigung des Montblanc durch den Engländer Fr. Clissold im Jahr 1822 aus, sondern auch durch die Schnelligkeit der Ausführung und die genauesten Beobachtungen über die Gestaltung dieses erhabensten Riesenhauptes, womit wir diese Erläuterung beschließen (F. Clissold Narrative in Annual Register Lond. 1822. p. 666). F. Clissold brach am 18. August mit 6 Führern gegen 10 Uhr Abends von der Prieuré auf, und hatte um halb 7 Uhr Morgens, den 19. August, den Ruheplatz aux grands Mulets (bei e) erreicht. Um 9 Uhr bei dem schönsten Wetter ging das Aufsteigen über die 3 Schneeebenen an. Viele bedeckte Spalten waren zu passiren, mit Gefahr stieg man in ganz grader Linie aufwärts, öfter zwischen runden Schneepfeilern hindurch, die mehrmals überklettert werden mußten, obgleich viele die Neigung von 50 Grad hatten. Die Spalten, die man hier offen liegen sahe, waren viel weiter als unten in dem Gletscher, wohl 20 Fuß breit, aber selten sehr tief, ihre Seiten waren hellblau mit Eiszapfen behangen. Die Hitze wurde heftig, die Avalanchen donnerten. Wein oder Essig mit Schnee und Zucker wurde beständig zum Löschen des unerträglichen Durstes genommen. Clissold fand vorzüglich das Kauen von Rosinen und Orangen wohlthätig und erquickend. Wie die Hitze peinigte auch der Lichtreflex von dem Schneespiegel. Als die dritte, größte und höchste Schneeebene erreicht war, mußte Halt gemacht werden, denn Alle waren erschöpft. Die Ruhe gab sehr schnell die Kräfte wieder. Um 2 Uhr war dieses grand Plateau erreicht, die schmelzende Mittagssonne stürzte von dem höhern Berggipfel gewaltige Lawinen in Menge über die Schneeebene herab. Die gefahrvollsten Stellen wurden mit der größten Eile durchschritten. Aber höher auf hörten die Spalten auf, die Unglücksstelle der 3 Führer ward erreicht. Von den Führern lag einer ermattet auf den Boden, und war weit zurückgeblieben; er fiel bei jedem Versuche aufwärts zu gehen wieder um, und mußte zu den grands Mulets zurückkehren. Die übrigen stiegen nun in Schlangenwindung gegen die östliche Schulter des Montblanc (Monts Maudits bei e) auf. Die Schneeoberfläche war so fest, daß die Fußtritte mit der Axt auf 300 Fuß weit eingehauen werden mußten, eine sehr beschwerliche Arbeit, die unter größtem Stillschweigen vollbracht ward; denn eben hier war die größte Gefahr. Ein einziger Fehltritt, sagt Clissold, und wir lagen in der schrecklichsten Spalte. Man fühlte Neigung zum Schlaf, und bedurfte der größten Anstrengung ihm zu widerstehen. Nach vielen Hindernissen wurde um 6 Uhr einer der höchsten Felsen an der Ostschulter des Montblanc, Rocher rouge genannt, (bei e) erreicht, der etwa 800 Fuß unter seiner höchsten Spitze gegen Chamouni gelegen ist. Vor der Dämmerung ließ sich der Gipfel jedoch nicht mehr erreichen. Dieser Punkt wurde 3 Stunden später betreten als man berechnet hatte; hier mußte also das Nachtlager genommen werden, das höchste das wohl je in Europa zur Ruhe dienen sollte. Mehrere der Führer baten aus Furcht vor der gewaltigen Höhe in dünner Atmosphäre um Erlaubniß zu den grands Mulets zurückzukehren. Clissold erstieg noch den Felsen, den die Führer petit Mulet nannten, der etwa nur 700 Fuß unter dem Niveau des Dome steht. Am Rocher rouge, der auf dem Abhange eines furchtbaren Absturzes liegt, wurde in der kleinen Höhle einer zusammen getriebenen Schneemasse zunächst einer Felsspalte das Bivouac gewählt. Pfähle eingeschlagen, Stricke gebunden, Holzstücke zur Unterlage angebracht, alles kroch in die 20 Fuß weite Höhle, alle aßen nur ein mäßiges Abendbrod. Clissolds gereizter Schlund konnte keinen Wein mehr vertragen. Jeder hüllte sich in Pelze und Kissen unter freiem Sternenhimmel nur mit dünner Decke zugedeckt. Nachts erhoben sich Schneestürme über den Köpfen der Ruhenden, leicht konnten diese durch Avalanchen in Abgründe 2000 Fuß tief hinabgeschurrt werden. Zum Schlaf kam es wenig. Die Nacht war sehr kalt, die mitgenommenen Orangen und eine Flasche des feurigsten Hermitage Weins gefroren. Der Aufbruch wurde dennoch den Führern schwer. Die Sonne vergoldete die Gipfel wie mit brennendem Golde, nur noch zwei konnten beim Aufsteigen in der Morgenluft leicht athmen; die andern mußten zurückbleiben und sehr langsam und gebückt schleichen. Der Gipfel wurde endlich erreicht, aber die Kälte, die Anstrengungen, der Mangel an Schlaf seit 2 Nächten, die Sorge für jeden Fußtritt und die Spannung wegen unaufhörlicher Gefahren, hatte die Schnellkraft des Geistes erschlafft, und die Empfänglichkeit für den großen Anblick völlig abgestumpft, so daß keine lebhafte Freude sich des Wanderers bemächtigen konnte. Clissold war ohne Hunger, er genoß nur Syrup. Die Sonnenwärme nahm schnell zu. Das Thermometer stand in der Sonne auf 17 Grad Reaum. aber alle Bemühung Schnee durch Kochen in Wasser zum Trinken zu verwandeln war vergeblich. Der Gipfel zeigte eine weit breitere Fläche als Mar. Courtet,

der

der doch 6 Mal oben gewesen, je gesehen hatte: der Dome scheint also wohl einen Theil seiner frühern Höhe verloren zu haben; der Streit um die absolut größere Höhe des Mont Rosa scheint daher wohl noch weiterer Beobachtungen zu bedürfen. Die Ebene des Gipfels bildete gegenwärtig ein fast gleichseitiges Dreieck, mit sanfter Senkung von Nord gegen Süd. Die Basis dieses Dreiecks ist gegen die Nordseite gerichtet, fast horizontal liegend, und im Parallelismus der Direction nach gegen Chamouni gerichtet. Die gegenüberliegende Spitze des Dreiecks ist wol 5 — 600 Fuß von der Basis entfernt, und mag etwa 200 Fuß tiefer sinken als die Basis, ein Spalt durchsetzte das Dreieck parallel mit der Grundlinie, doch konnte Clissold noch die ganze geneigte Plaine der schneeigen Area hinablaufen, indeß seine Führer sich an den Boden legten. Am Winkel dieser Südspitze des Dreiecks bestieg er mit Vorsicht die hervorragende Zinke eines Felsriffs, das zunächst über dem Thal von Cormayeur (No. 57.) und dem Brenva-Gletscher (No. 54.) emporsteigt; dieser Blick mag wohl der furchtbarste seyn in die viele tausend Fuß tiefe Eis- Schnee- und Klippen-Wüste. Die Luft war still, der Himmel tief dunkelblau, im größten Contrast mit dem klarsten Sonnenlichte; am Horizont zog ein heller Dunst im Kreise herum, der den fernsten Blick hinderte. Das Land lag in dunkelschattiger Tiefe, auch der Genfer See, aber die schneeigen Alpenketten mit dem majestätischen Mont Rosa in ihrer Mitte erhoben sich prachtvoll. Das Schreckhorn der Berner Oberalpen im Nordost zeigte sich wie ein erhabenster Pik. Der Blick wanderte dahin und dorthin, nur immer von Pyramide zu Pyramide, zu Thürmen, Aiguillen, Gletschern, Kettenzügen und zu den unzählbaren Schaaren zusammengehäufter Gebirge. Nach drei Stunden Aufenthalt auf diesem einzigen Standpunkte begann der Rückmarsch der Hinabweg ist gefahrvoller als das Kommen, zumal der bis zum großen Schneeplateau. Hier oben lag eine erstarrte einsame Biene auf der Schneefläche, die durch die Handwärme ins Leben zurückkehrte und davon flog. Bald wurden nun die Grand Mulets erreicht; man flog nur so eben über die Schneelehnen, selbst über die kleinern Spalten hin. Um halb Ein Uhr an den Felsklippen der Mulets fiel ein furchtbarer Donnerschlag wie oceanisches Brüllen, darob alle sich entsetzten; ungeheure Schneemassen und Felsstücke polterten hoch herab, eine Avalanche war auf dem großen Plateau gestürzt, und hatte einen Theil des so eben zurückgelegten Weges begraben. In 4 Stunden Ferne, auf dem Col de Balme (No. 89.) hatten zu gleicher Zeit Reisende dieß Schauspiel beobachtet. Plötzlich hing nun oben am Gipfel eine Wetterwolke. Das Thermometer stand auf 17 Grad Reaum.; das Wetter änderte seitdem. Nur mit größter Gefahr wurde der Bossons-Gletscher am Fuß der Mulets übersetzt; denn bei der großen Mittagshitze hatte sich dessen ganze Oberfläche verändert; tausend Bäche durchschnitten sie, und das Geriesel und Gemurmel der Bäche unterbrach das Krachen und Donnern einstürzender Eismassen. Halb fünf Uhr war auch diese Gefahr überwunden und festes Land gewonnen; hier halten die Führer nun einen fröhlichen Schmaus. Aus Favrets Sennhütte erklang bald der freudige Willkommen. Um halb 7 Uhr, nach einem eiligen Marsche durch dunkle Tannen und Lerchenholz-Wälder ward die Prieuré von Chamouni wieder erreicht, nach Abwesenheit von 2 Tagen und 2 Nächten. Das Aufsteigen hatte 22 Stunden gekostet; das Herabsteigen nur 11 Stunden. v. Saussure brauchte 4 Tage, wobei ihn die Instrumente und die Beobachtungen aufhielten;

Andre brachten 3 Tage damit zu; durch den nächtlichen Marsch und das hohe Nachtlager war in doppelter Hinsicht Gewinn worden. Clissold überfiel nach solcher Anstrengung ein Fieber; die Haut schälte sich ihm von seinen Gliedern. Coutet hatte seinen rechten Fuß erfroren, und einer der Führer, der schwache Augen hatte, wurde auf einige Tage blind. Ganz ungestraft für die Kühnheit, aus der Tiefe des atmosphärischen Oceans aufzutauchen zu dem reinern, dünnern, hellern Niveau des Aethers der höhern Regionen, ist noch kein Versuch dieser Art vollbracht worden.

4) Rundreise um das Montblanc-Gebirge, vom Bade St. Gervais über den Col du Bonhomme, den Col de la Seigne, durch die Allée Blanche nach Cormayeur, durch das Aosta-Thal zum Großen Sanct Bernhard nach Martinach, und über den Col de Balme nach Chamouni.

An Mannichfaltigkeit großer Naturerscheinungen der furchtbarsten und lieblichsten Art kann es in Europa keine Pilgerfahrt geben, die einer Rundreise um den Montblancstock, welche man ganz gut in 8 Tagen zurücklegen kann, gleichkommt; in dieser Zeit übersteigt man 5 Hochpässe der Alpen über 7 bis 9000 Fuß, durchsetzt die schauervollsten Hochgründe, die reizendsten und lieblichsten Culturthäler der Nord- und Südseite, und betritt die Hütten, Dörfer und Städte dreierlei Sprachen redender Völker (französisch, italienisch, deutsch); täglich vertauscht man das Polarclima mit dem der Lombardei und umgekehrt; deren Contraste, in allen möglichen, dicht an einander sich drängenden Erscheinungen, erhalten das Gemüth und die Phantasie des Wanderers in der lebhaftesten Spannung; heiterer Himmel und ein geübter sichrer Wanderschritt sind zu dieser Rundfahrt unentbehrlich.

1) Bad St. Gervais (No. 23.). Am Eingange eines bisher wenig besuchten Thales, des Bonnant, das auf gradestem Wege nach der italischen Seite führt, ward im Jahr 1806 eine Heilquelle in der Tiefe der engen Thalschlucht entdeckt, von Genfer Chemikern analysirt, von Genfer Aerzten angepriesen, und seitdem jährlich mit Kurgästen überfüllt, nur 36000 Fuß im directen Abstande von dem Gipfel des Montblanc, nach Pictets Messung, wo man also die reinste Alpenluft aus erster Hand hat. Der Finder dieser warmen Quelle, Monf. Gontard, ist auch der Besitzer der Badeanstalt, die er als Domaine wie ein Seigneur beherrscht. Sein Verdienst um die ganze Alpengegend ist nicht gering, schon die ehemalige Kaiserin Josephine belobte ihn dafür; er erkennt es selbst, aus Liebe zum neuen Fund hat er seine ältern Besitzungen auf der Höhe im Dorf St. Gervais verlassen. Wenn im Thale für Kranke, so kann es auf der Höhe des Dorfes für Gesunde keinen reizendern Aufenthalt in der Welt geben. Die warmen Heilquellen sollen die Wirkungen der Bäder von Schinznach und Leuck bei Ausschlägen und chronischen Uebeln, die der Bäder von Aix in Savoyen für Gicht und Lähmungen, die von Plombieres für Unterleibsbeschwerden vereinigen. An Bequemlichkeiten für verwöhnte Badegäste mag hier noch vieles zu wünschen übrig seyn; wenn es an Raum fehlt, werden öfter in aller Eile über den Dekken der Wohnzimmer noch neue mobile Wohnungen aufgeschlagen, prachtvolle Stutzuhren stehen in den Salons, zu deren schadhaften Dächern der Regen wohl eindringt, nach Savoyarden Art; aber für rüstige Wandrer kann es kein größeres Feld zu Excursionen geben. Das ganze Thal streicht an der Nordseite der

Alpenkette hin, gerade in der Richtung von S. nach N.; es beginnt auf dem 7530 Fuß hohen Paß des Bonhomme (südwärts von Nr. 12.), und zieht sich in etwas gebogener Linie bis zum breiteren Thale der Arve, in welche sich der Bonnant ergießt, der dieses 7 Stunden lange Thal durchströmt und seine Quellen auf den Schneefeldern des Bonhomme hat. Da seine Mündung eine gute Viertelstunde unter dem Bade, nur etwa 1726 Fuß über dem Meere liegt, so hat er auf 7 Stunden Wegs an 5804 Fuß Fall, im Durchschnitt auf eine Stunde 830 Fuß, woraus sich das Reißende des Stroms erklärt, der oft in Bogenschüssen und Wasserfällen die steilen Uferwände durchsetzt. Freilich sind die vier ersten Stunden, vom Passe herab bis zu Notre Dame de la Gorge (No. 18.), die Abhänge weit steiler, und hier bildet der schäumende Alpenstrom Sturz auf Sturz, und wird durch die eingeschluckte Menge Luftbläschen zum Silberfluß; aber auch noch die drei letztern Stunden von Notre Dame bis St. Gervais ist der Abhang sehr bedeutend. Bei seiner Mündung im Arvethal wird das schönste Getreide, Weitzen geerntet, noch die Traube gekeltert; aber bei Notre Dame geräth schon kein Kornfeld mehr. Das Gehänge der ganzen Thalfläche gegen Nord, schützt in einer so südlichen Breite (unter 46° N. Br.) in den heißen Sommermonaten vor der übermäßigen Hitze, die in den benachbarten Tiefthälern der Alpen öfter unerträglich wird. Schon bei Cluses, Sallenches (No 7.) empfindet man mit dem rückprallenden Sonnenstrahl von den schroffen Kalkwänden, Backofenglut; im Arvethal von Cluses bis Servoz (No. 26.) und zwei Stunden weiter, bis an die Engpforte des Chamounithales (No. 29.) sieht man Cretins von der niedrigsten Classe wie im Wallisthal, obwol nicht in so großer Menge wie dort; auch bis zum Bade St. Gervais zeigen sich noch einige Unglückliche dieser Art. Aber, im Dorfe des Namens, das 621 Fuß höher als das Bad, und schon fast drittehalbtausend Fuß über dem Meere liegt, nämlich 2453 Fuß, so wie im ganzen obern Thale des Bonnant, trifft man keine Spur dieser Verkrüppelung an Geist und Körper mehr; überall zeigt sich nun rüstiges schöngebildetes Bergvolk. Aber am heißen Südabhange der Kette geben viele der benachbarten Alpenthäler die traurigsten Beispiele von einem Volke, das fast ganz aus Cretins besteht, z. B. mehrere Striche um Cormayeur, das ganze Thal von Aosta bis St. Remy (No. 101.) am Südabhange des Großen St. Bernhard, wo man fast keinem menschlich gebildeten Wesen begegnet, sondern lauter mit Kröpfen begabten, der menschlich articulirenden Sprache beraubten Mißgestalten. Dieser Vorzug des St. Gervaisthales, den es mit dem von Chamouni theilt, kann außer der mindern Gluthhitze auch wohl dem Mangel an Morästen und Stickluft zugeschrieben werden, die im Arvethal, eine halbe Stunde tiefer sich in dessen Horizontalboden so weit verbreiten und den Thalgrund verpesten.

Das Thal von St. Gervais ist in der Umgegend des reizend gelegenen Dorfes überaus lieblich bewachsen, voll sanfter Hügel mit Ackerfeldern, Wiesen, Obst- und Nußbäumen, Alpenhäuschen, Sennhütten, Mühlen, Kapellen geschmückt; mitten durch brauset und plätschert der Bonnant zwischen Felsen, über die sich bei St. Gervais selbst, eine Brücke an 60 Fuß hoch hoch hinwölbt, Teufelsbrücke (Pont du Diable) genannt, ungemein romantisch und dicht am Dörfchen, das doch nur sehr selten besucht wird, unter welchem der Wildbach donnernde, tiefe Wasserfälle bildet. Von allen Seiten zeigen sich die schönsten Landschaftsstücke, und die reizendsten Spaziergänge zu den Colonnes des sées, aux Plans, aux Fayards, nach Bionnay (No. 22.) nach St. Nicolas de Verosse, zum Mont Joli (No. 10. und 11.) und weit umher. Jeder Hügel bietet die außerordentlichsten Panorama's dar, und wenn man auch nur den Kirchhof, der wie ein Altan die mahlerisch gelegene Dorfkirche umläuft, besucht, zumal am Abend, wenn die Gletscher im Hintergrunde glühen, und im Vordergrunde der letzte Sonnenstrahl die Wipfel der zahmen Kastanienbäume vergoldet, und die gegenüber aufstarrenden Teufelshörner an der Aiguille de Varens (No. 155.) in schwarzen Schatten stehen, so ist man im Dreiviertheil eines Kreises von einem Gebirgspanorama umgeben und wie festgebannt, das selbst in der Copie noch jeden Naturfreund entzücken muß.

2) Paß des Bonhomme. Durchwandert man vom Bade das schweizerische Hirtenthal Val Montjoie bis zum Paß des Bonhomme, so ist fast jeder Abstecher, den man zur Seite des gebahnteren Wegs macht, eine neue Entdeckung zu nennen; denn weder Saussure noch alle spätern Gebirgsbeschreiber haben diesem Thale sein Recht angethan, da es eine Fülle von unbeachteten Merkwürdigkeiten für den Beobachter enthält. Nur mit der Hypothese haben sich die Antiquare beschäftigt, hier müsse ein Jupiters-Tempel gestanden haben (Mons Jovis), wovon nirgends eine Spur ist, aber die Lieblichkeiten des Mont Joli hat niemand beschrieben; die links liegenden langgezognen, an der herrlichsten Alpenvegetation reichen Gletscherthäler, die bis zum Bonhomme in dreifacher Coulissenstellung hinter einander gereihet sind, blieben bisher unbekannt; sie verdienen nähere Untersuchung. Die Bewohner dieser Alpenhöhen gehören zu den ärmsten Savoyarden, bei denen aber Einfalt der Sitten, Redlichkeit und Treue in hohem Grade einheimisch geblieben sind, ungeachtet sehr

viele von hier sich auf Auswanderung begeben und ihr Glück in der Fremde suchen, und zuweilen wenigstens mit kleiner Habe heimkehren. Es ist nicht selten, in den hintersten Winkeln der Alpenthäler hier einen Führer zur Besteigung gefährlicher Gletscherhöhen zu finden, der einst in den ersten Hotels in Paris Thürsteher war, oder dessen Vater von den berühmtesten Männern Frankreichs aus der alten Zeit zu sprechen weiß, weil er ihr Bedienter oder auch nur als Savoyardenknabe ihr Decrotteur gewesen, oder mit dem Murmelthier die Häuser der Großen besucht hat, und noch irgend ein Phantasiekleid, eine Livree, einen Federhut oder sonst dergleichen aus jener Hauptstadt zu seinem Sonntagsputze aufbewahrt hat. Das Lotteriespiel dieser Wanderungen führt zu Unglück und Glück, und überall trifft man auf Helden und Ritter, die von den seltsamsten Aventuren redselig überströmen, voll Laune, Witz und Naivität. Trifft man hier in der Mitte August, am 15ten des Monats, zufällig bei der Kapelle von Notre Dame de la Gorge (No. 18.) ein, so hat man das interessanteste belebte Gemählde; denn weit und breit strömen dann alle Aelpler aus den nahen, savoyischen Thälern zusammen, bei der Wunderkapelle dicht über dem Felsschlund des Bonnant, am Fuße des Bonhomme. Das Marienbild thut Wunder vor der gläubigen Menge noch am heutigen Tage; ein Brunnen, der in der Kapelle selbst springt, sprudelt Weihwasser, das Kopf und Glieder heilt. Vergeblich hat man mehrere Male das Bild der Madonna aus dieser Kapelle, die schon für Gesunde, geschweige denn für Kranke und Lahme einen gefahrvollen Zugang hat, in die tiefer im Thale liegende Kirche gebracht, immer ist es von selbst wieder in jene Kapelle zurückgekehrt, die ein stark bewallfahrteter Gnadenort für die ganze Alpengegend ist. Seit einiger Zeit hat selbst der Bonnant dem Gnadenbilde keinen Gehorsam geleistet; längs seinem Ufer hin, das er oft gewaltig einriß und das ganze Thal verödete, hatte man zwölf Oratorien Notre Dame zu Ehren erbaut, und hoffte dadurch auch, den Gebirgsstrom in Respect und innerhalb seiner Ufer zu erhalten. Aber jetzt sind sie fast alle zerstört, nur von wenigen sieht man noch Mauern; die Einen sagen, daß der Waldstrom, die Andern, daß die Revolution, die auch bis in diese verlassenen Thalwinkel vordrang, sie zerstört habe. So viel ist gewiß, daß man seit der Revolution in diesem Thale keine gastfreundliche Aufnahme mehr findet wie ehedem. Früherhin lebten hier bei der Kapelle zwei Patres, welche vom Almosen, das sie im Lande herbeitrieben, die Reisenden gratis bewirtheten, die den gefahrvollen Paß des Bonhomme durchzogen. Nur zuweilen werden hier noch Festpredigten gehalten.

Der Wanderer sieht die große Volksmasse, die aus einem Umkreise von 6 bis 8 Stunden sich hier in vollem Putze versammelt hat, sich auch wieder schnell verlieren in die sonst unbemerkten Schluchten und Winkel des Tiefthals, und bald erspäht man nur noch, hin und wieder, einzelne Züge von Menschen die Bergpfade umher zu ihren verschiedenen Dörfern, Alpenhütten und Bergpässen hinaufziehn, indeß dunkle Schatten das Thal füllen, und das Glöckchen der Kapelle von fernher zum letzten Mal läutet. Nun fällt der Blick auf die große vorliegende Lücke im Bergzuge, durch welche der Paß nach Italien geht. Zwei hohe Felsgipfel ragen wie Wächter am Eingange, der sich coulissenartig zwischen Klippen und Schneefeldern hinzieht, über demselben hervor, rechts der Bon homme, links la Bonne femme genannt, wie verzauberte Riesengestalten; links steigen die drei hohen Felszähne Tres la tête über dem gleichnamigen hintersten Gletscher (No. 14.) des Thalwinkels hervor. Alles liegt in schwarzem Dunkel. Man kehrt in die nächste Sennhütte ein, in den Chalets à la Barme, wo man sein Heulager über dem Kuhstall nimmt, und wo möglich unter dem dumpfen Gestöhne der Heerde einschläft. Die größte Einfalt und derbe Liebenswürdigkeit der Sennen söhnt mit dem völligen Mangel aller Bedürfnisse aus. Bricht man am folgenden Morgen um 6 Uhr auf, so ist man um 7 Uhr schon an den Chalets du Mont Jovet, wo man den ersten Schnee betritt. Hier ist rauhe furchtbare Wildniß; bei Notre Dame liegt das letzte Kornfeld, an den Sennhütten du Nant Bornan stehen die letzten Tannen, mit der Senne la Barme nehmen die gewaltigen Zertrümmerungen umherliegender Felsbrocken zu. Kleine freiere Plateauflächen, die man erklimmt, heißen Plan des Valets, und Plan des Dames, von zwei Piemonteserinnen, die hier ihren Tod fanden. Das Verirren ist auch den Gewandtesten innerhalb dieser Einöden leicht. Ueber graue Kalksteinklippen und steilhängende Schneeschurren, über die nur Spuren von Gemssprüngen häufig zu sehen sind, erreicht man endlich nach zwei mühevollen Stunden das Kreuz auf der Paßhöhe, wo die Grenze zwischen Faucigny und der Tarantaise hinläuft.

3) Col de la Seigne (No. 13.) Allee Blanche. Die grauenvolle Wildniß steigt man nun nach der Südseite wieder hinab, wo bald am Rande der Schneefelder liebliche Blumen aufsprossen, die sonst nur die Fluren des Polarischen Lapplands schmücken. Hier steht das Alpenkräutchen in Menge, das die Hirten des Hochgebirgs mit einer Art von heiligem Respect in ihrem Patois Fetras nennen, und immer hinzufügen, prémier herbage des Chamois ét des Marmottes, weil es auf den äußersten Felszinnen das gewürzigste Alpenkraut, das Lieblingsfutter dieser scheuen

Thiere ist, das sie oft in die größten Gefahren verlockt. Tiefer hinab, wo der erste grüne Schmelz der Alpenmatten wieder die Abhänge überzieht, zeigt sich ein Blumenteppich nach dem andern in vollprangender Blüthe. Rechts bleibt das Thal von St. Maurice zur Isère liegen, links wendet sich das Felslabyrinth zur einsamen Schlucht, in der das Dörfchen le Chapiu liegt, vierzehn elende Hütten, deren Bewohner das kümmerlichste Leben führen, ohne Korn, ohne Baum, ohne Gartenfeld, von nackten Felswänden und Gletschern schauerlich eingeschlossen. Drei Stunden weiter kommt man an vielen saftigen Alpenweiden vorüber, auf denen zahlreiche Alpenheerden sich mästen, zum Grunde am Westfluß des Col de la Seigne, wo der Hameau du Glacier, der Weiler am Gletscher (bei No. 13.) liegt, ein paar einsame Sennhütten, so genannt von dem kleinen Gletscherchen, das vom Très la tête in das Thal herabhängt. Hier umher liegen in der größten Abgeschiedenheit unter schiefrigen Felsgehängen die letzten, fettesten, reichbewässerten Wiesengründe, in den geschützten Thalkesseln, welche die Aelpler Combes nennen. Uebernachtet man, mit Milch, Käse und steinhartem Brodt vorlieb nehmend, bei diesen gastfreien Hirten im schauerlich liegenden Weiler am Gletscher, so besteigt man mit dem frühen Aufgang der Morgensonne den Col de la Seigne, und hat auf dessen Höhe 7644 Fuß nach Pictet's Messung einen Anblick, der einzig in Europa ist an Größe und Seltsamkeit. Gegen die Morgensonne hin senkt sich das lange Hochthal der Allée blanche, aus dessen Grunde über dem Combal-See (No. 49.) die ungeheuern Pyramiden fast senkrecht empor steigen, die den Südabsturz des hohen Montblanc bilden. Dieser staunenerregende Eindruck will empfunden seyn, er läßt sich durch keine Beschreibung erwecken. Links fällt der

Blick in eine fremde Welt wie im Monde, für die das Auge keinen Maßstab hat, rechts senkt sich die einförmige Wand des Cramont (No. 55.) wie ein steiles Kirchendach zur Tiefe, und gerade aus steigt in weitester Perspective das Thal von Ferret bis zu den Hochgipfeln des St. Bernhardberges empor (No. 106, 107, 108). Vor seinen Füßen hat man auf dem Col oder dem Passe verwitterten, schurrenden Schieferfels, aus dessen Trümmern hier auf der alten Grenze zwischen Savoyen und Piemont eine Art offenen Forts erbaut ist. Umher ziehen die Schneefelder an, auf denen man die Wanderungen der Gemsheerden wahrnimmt; Schneeammern schmettern ihr Liedchen und fliegen von Stein zu Stein; der gellende Pfiff der Marmotten durchschneidet die Luft aus jedem Felswinkel, und wie ein dunkler Schatten, den kaum das Auge verfolgen kann, eilt zu diesem Felsloch die plattgedrückte Marmotte heraus, und verscheucht durch den Fußtritt des behutsamen Wanderers, schießt sie wie ein Pfeil über die grauen Felsplatten zu jenem Felsloche wieder hinein; immer kommt der Mensch zu spät, sie zu erreichen. Man steigt nun im Vollgenuß des außerordentlichen Anblicks die Allée blanche hinab, und erholt sich von der die Sinne wahrhaft zerrüttenden Wildniß, weil man sie ihren Ursachen und Phänomenen nach gar nicht zu erfassen im Stande ist, indem man bei jedem Schritt zur Tiefe, dicht vor den Füßen und ganz nahe zur Hand eine neue schöne Alpenflora entdeckt. Zwar haben diese italischen Wiesengründe nicht die saftige Vegetation der Schweizerseite, die Heerden sind nicht so wohlgenährt, es fehlt ihnen hier das liebliche Geläute der Glocken, den Hirten der offene Blick, die Gutmüthigkeit, die verständliche Rede; den Sennhütten, die hier mißtrauisch verschlossen werden, fehlt die Reinlichkeit und Nettigkeit der Bauart, den Matten die sprudelnden Qualleli (in der Aelplersprache die Quellen). Dennoch weiß das Auge nicht alles Neue und Schöne zu fassen, was sich ihm darbietet. Links hängen die ungeheuersten Gletscher in das Thal herab, von denen es seinen Namen hat; sie werden an ihrem untern Saume von Morainen umlagert, die unmittelbar herabgedonnerte Zinnen sind, von der Felsstirn des hohen Gebieters. Aus den Gletschern stürzen wilde Wasser in unaufhörlichen Sprüngen donnernd hervor; ihre wilde Wuth wird im lauchgrünen Combal gebändigt. Der glatte Spiegel dieses stillen Sees ist eine um so lieblichere Erscheinung; er beruhigt das durch die Wildheit der Naturscene beängstigte Gemüth; er ist eingefaßt von grünen Alptriften. Bei seinem Auslauf in den Doirefluß ist sein Wasser gehemmt durch einen breiten, gewölbten, mit einer Holzbrücke versehenen Damm, der das tiefer liegende Cormayeur (No. 57.) vor Ueberschwemmungen schützt. Aus seinem Wasserspiegel strahlt der Wiederschein der schneebekränzten Zinnen zurück. Noch fehlt in dieser schauerlichen Umgebung aller Baumwuchs, und über den steilen Miage-Gletscher (bei No. 50.) hinauf, der zwischen zwei Felsmauern wie eine ungeheure Eisbahn zum hocherhabnen Felsthron führt, läßt sich kaum noch das Blau des Himmels ersehen, ohne dem Nacken wehe zu thun.

4) Cormayeur (Nr. 57), Aostathal. Auch unterhalb des Sees, und unterhalb der ungeheuersten, piramidalen senkrechten Felstafeln ihm zur Seite, hält noch die schauervolle Gebirgslandschaft an, bis zur Thalenge vor Courmayeur, in deren grausigen Engschlunde die Doire, oder der Combal Bach, aus der Allee Blanche, und der Ferretbach sich unterhalb Entreves (Nr. 60) bei der Holzbrücke, unfern dem Dorf Saxe (Nr. 58), vereinigen, und plötzlich aus dem großen Längenthale im rechten Winkel in das Quer-

thal von Courmayeur einströmen. Schon der Miage-Gletscher setzt unterhalb des Combal-Sees durch seine ungeheure Größe in Erstaunen; vor seinem hochaufgethürmten Schuttwall verbirgt sich eine Zeitlang das ganze Hochgebirg und der Gletscher selbst dem Blick des Wanderers. Seine gewaltige Eismasse hat hier die Thalbreite fast ausgefüllt, und kaum kann der Combal-Bach noch vorüber fließen, und ist Raum genug zum engen Fußpfad geblieben. Hier fangen die ersten Lärchenbäume (Melaises) wieder an zu wachsen, die besonders die Morainen lieben, und mit ihrem lichtgrüngewebten Nadelwald wie mit einem Schleier den blendenden Glanz der Gletschermassen für das Auge bedecken. Doch zeigt sich hier, anfangs nur noch, dürres Krüppelholz. Cristalldrusen sind von den Morainetrümmern überall über den Fußpfad zerstreut und blitzen im Sonnenschein. Wo die Moraine des Miage aufhört, wird sogleich das Thal weiter; an dieser Stelle erblickt das Auge zum erstenmal den gespaltnen Gipfel des Géant (Nr. 63) in blauer Höhe, der sich nur von hier wie zwei steile Gemshörner zeigt. An der Brücke die hier über den donnernden Gebirgsstrom führt, liegen überall zertrümmerte Felsen und zerschmetterte Bäume, zersplitterte Sennhütten umher; das Herabstürzen der Avalanchen von den steilen Höhen ist hier furchtbar und zerstörend; überall zeigen sich davon die Spuren im Thale. In dem wilden Felsamphitheater über den herabhängenden Gletschern hauset nur noch der Steinbock; dem Blick eröffnet sich immer mehr, je weiter man zum Brenva-Gletscher (Nr. 54) vorrückt, die Perspective der zahllosen Felspyramiden und Schneefelder des Südabhangs bis zu den Grandes Jorasses (Nr. 64) die unter den höchsten Riesen den Zug gegen N. O. beschließen.

Auch der Glacier de la Brenva schimmert hervor

aus dem zartgrünen Lärchenwalde der seine Moraine umsäumt; er hat die ganze Thalbreite schon ausgefüllt und die Doire mußte unter seiner Eisbrücke sich ihren weitern Lauf bahnen, sonst wäre die obere Allee blanche in einen See verwandelt; der Fußpfad ward hinaufgedrängt an die steile Bergwand des Cramont. Grauenvoll ist der Anblick dieser siegend fortschreitenden, alles erstarren machenden Eislast und prachtvoll zugleich, wie ein schimmernder Diamant in Smaragdgrün gefaßt. Hier hat sich unter den Eislasten in den zerspaltnen Felsschluchten über dem Thale eine silberreiche und selbst auch goldhaltige Bleimine eröffnet, die von Bergleuten bearbeitet wird. Man muß auf künstlich gehauenen Wegen und Staffeln vom Thale aus, erst 6 Stunden hoch hinanklettern, um die Stelle zu erreichen, die nur unter Todesgefahren bearbeitet werden kann. Die Mine soll an 10,800 Fuß hoch liegen, und jedes Jahr verlieren 2 bis 3 Mann dabei ihr Leben. Indeß lockt die reiche Ausbeute im sonst armen Thale immer neue Kräfte. Das Eis des Brenva-Gletschers steigt hier in großen Schichten wieder über seine eigne Moraine empor; der Pfad am Gletscher hin gehört zu den seltsamsten und schauerlichsten, das Krachen der Eismassen und der Lavinen ist unaufhörlich. Aus einer mächtigen Eisgrotte, deren Wände seltsam gebändert erscheinen, von den übereinander gelagerten Eishöhlen, tritt die Doire endlich wieder hervor an den freien Himmel aus ihrem Eisgewölbe. Nun stürzt das Thal sehr steil hinab, links liegt das Dorf Entrèves (Nr. 60), wo die ersten Kornfelder die Annäherung menschlicher Gesellschaft zeigen, bald begegnen nun auch wieder Weiber, Kinder und Mädchen dem Wanderer in weiten Faltenröcken mit Rosenkränzen, und italienischen Physiognomien. Im Thalschlunde der Wendung gegen Cormayeur, verläßt man mit Vergnügen die grausenvolle Wildniß; man erblickt das schön bebaute Ufer des Cormayeurthals, das Städtchen, ein kühler Luftstrom weht aus dem Engschlunde herauf zur Mittagszeit. Man wendet sich zum Abschied noch einmal an der Brücke bei Saxe (No. 58) zurück zur steilen Südwand des Montblancstocks, die hier durch den ungeheuern Anblick sich unauslöschlich tief in die Seele prägt. Ganz unerträglich würde dieser Eindruck bleiben, wenn nicht der menschliche Geist selbst über jene ewig beeisten Zinnen sich empor zu schwingen vermöchte. Eben zeigen sich auf der steilen Schneeschurre vom hohen Col du Géant (bei No. 62, wo der rothpunktirte Gebirgspfad) herab, gegen das Thal, bewegliche, dunkle Pünktchen, das Perspectiv erkennt sie; es sind kühne Alpenwanderer, die vom Montanverd auf dem Saussureschen Wege durch das Eismeer das Schneefeld an der Aiguille du Géant (No. 63) erstiegen haben (wo dieser Naturforscher 14 Tage unter Zelten 10,578 Fuß über dem Meer bei seinen Forschungen lagerte), und die von da, auf dem einzig möglich gangbaren Schneepfade, dem kürzesten und steilsten der sich denken läßt, zum Entreve-Thal nach der italischen Seite herabsteigen wollen. Von der Brücke bei Saxe über die Dolre oder Dora Baltea hat man Cormayeur und das benachbarte Land St. Didier bald erreicht. Hier tritt man in eine andere Welt, ein heißes, fruchtbringendes Thal; die Kornfelder liegen schon geschnitten in Garben, die Obstbäume hängen voll Früchte, die Reben voll Trauben, heiße südliche Luft mahnt, daß man an der Pforte Italiens steht. Die Bäder und Heilquellen verbreiten hier Weben und Leben; auf den Wegen ziehen Caravanen von Saumrossen und beladenen Maulthieren hin, in vollem Prunk, wie Rüdinger sie vor einem Jahrhundert gezeichnet hat. In den Orten ist Lärm, Geschrei, in den Wirthshäusern italienische Wirthschaft.

Das Städtchen Cormayeur ist bekannt genug, als Eingang zun Thal von Aosta, das außerhalb dieses Reliefs liegt, welches aber von dieser alten Colonia Praetoria Augusta ein Seitenthal zur Alpenkette gegen den Norden zurücksendet, zum großen Sanct Bernhard, auf dem wir zum Rhonegebiete zurückkehren.

5) Der Große St. Bernhardberg, (Nr. 102). Von der Stadt Aosta sind 7 Stunden Zeit zur Besteigung der Höhe des Bernhardhospizes nothwendig. Aus einem ungemein fruchtbaren, an allen italienischen Schönheiten reichen Thale, in welchem die Ernte schon Mitte August vorüber ist, steigt man immer bergan am Engpaß und Fort Chiusa (Klausen) vorüber, wo ein viereckiger Thurm noch von römischem Mauerwerk steht. Von den hoch an den Bergen aufsteigenden Aeckern wird die Ernte in Bündeln auf Maulthieren zu Thale gebracht, Niemand geht hier zu Fuß; auch der Aermste trabt hier auf seinem Maulthiere stolz am Fußgänger vorüber. Auf der Höhe des Dorfs Etrouble an der sardinischen Grenze sind aber zu gleicher Zeit die Kirschen noch nicht einmal reif; bei St. Oyen (Nr. 100) beginnt die wahre Alpennatur; doch stehen unter dem Dorfe St. Remy (Nr. 101), das beinahe 5000 Fuß über dem Meere erhaben liegt, noch die letzten Weizenfelder; beim Dorfe selbst ist noch Korn- und Gerstenbau, aber freilich noch ganz grün, wenn im Thal die Ernte vorüber ist. Hier treten die Schneegebirge wieder näher zusammen; man erquickt sich wieder an den ersten grünen Matten nnd Lerchenwäldchen. Das Dorf erinnert wieder an die deutsche Art, im Wirthshaus freut man sich wieder Ofen und Salzfaß zu sehen. Vom Dorf geht es nun sehr steil über zertrümmertes Gimmer-

schiefergebirg., 2 Stunden aufwärts; wenig Grasung und Alpenflor; viel Felsstürze; einige Sennhütten, die schon dem Hospiz angehören, mit Pferde- und Kuh-Heerden. Die letzte steile Gebirgswand macht den eifrigen Wandrer fast athemlos; man erreicht den kleinen Plan Jovis. Eine Horizontalfläche mit dem kleinen aber hohen Alpensee; eine Spur vom alten Tempel des Penninischen Jupiter ist hier nicht mehr zu sehen; aber Münzen, Votivtafeln und mancherlei kleine Ueberbleibsel aus der Römerwelt bestätigen, daß hier ein Votivaltar an der großen Via Militaris der Alten über die Panninischen Alpen nach Helvetien stand. Am düstern Seespiegel erblickt man das lang ersehnte Hospiz. Ueber ein strömendes Wässerchen führt eine einfache Steinbrücke, die alte Grenze zwischen Piemont und Wallis, wo der Bischofsstab und das Schwert den Grenzstein bezeichnen. Von zwei mannshohen Säulen steht gegenwärtig hier nur noch eine, die ein Ueberrest alter Architectur seyn soll. Am See weht eine kalte Luft aus den schneereichen Thalwinkeln, die sich hier das ganze Jahr nicht berasen. Das Hospiz ist ein hohes Gebäude mit großen Widerstreben, aber doch nicht groß genug und beständigen Zerstörungen ausgesetzt; es steht auf einem kleinen Felsrücken über dem See, den man emporklimmen muß. Der Empfang der Ordensgeistlichen ist sehr freundlich; gegen 7 Uhr Abends wird man sogleich zur Tafel geladen in das schöne Refectorium mit Ofen und Holz boisirt. Um den nußbaumenen Eßschrank und in der Küche sind dienende, junge Priester beschäftigt, die Reisenden auf eine sehr wohlthuende Art zu bewirthen. Der Superior giebt nur das Zeichen mit dem Klopfen des Messers, oder durch einen Wink. Es wird Suppe, Kalbsbraten, Spinat gebracht, der eine Stunde unter dem Kloster gewachsen ist; dann wird im August auch Salat, Kohl aufgetragen; aus den Kellervorräthen Birnen, Aepfel, Nüsse und Mandeln mit Nußknackern; trefflicher Käse aus den eigenen Sennereien, Wein und Bier wird vorgesetzt; alles sehr anständig in Fülle und unentgeltlich. Die Tischglocke ruft die vielen Fremden zur Tafel; ein ernstes Tischgebet wird von den Ordensbrüdern zur Eröffnung und zum Schlusse gesprochen; dann entspinnen sich belehrende Gespräche über die Geschichte und Gebräuche des Klosters, über die Natur dieser schauerlichen Höhen, über ihre Gefahren und ihre Naturgaben, und überall geben immer Einzelne der wohlunterrichteten Geistlichen, selbst über Botanik und Mineralogie der Umgegend, belehrende Auskunft. Blickt man auch noch einmal zum Klostergebäude hinaus in schauerliche Umgebung, lange verweilt man nach solchen Anstrengungen des Tages nicht mehr; die Kälte ist seitdem gewöhnlich bedeutend gestiegen, und selten vergeht ein Abend ohne dicke Nebel, Wolken, Schneegestöber oder Stürme. Man folgt gern dem Anerbieten zum frühzeitigen Lager; hier findet man wieder die ersten reinlichen Betten nach deutscher Art, mit grünen wollenen Vorhängen, selbst die mit grünem Tuch beschlagnen Tische und Sessel, alles erfreut, weil es vaterländisch ist, weil man es so lange in Italien entbehrt hat. In den Zimmern und Gängen findet man zugleich Werkstätten, Schnitz- und Hobelbank, Drehbank, Bibliotheken, kleine Naturaliensammlungen, ein Antikenkabinet penninischer Monumente, und überall Heiligenbilder. Wie wohlthätig wirkt nicht die Ordnung dieses Hauses auf den nomadischen Wanderer, der lange Zeit dergleichen entbehrt hat. Am folgenden Morgen besieht man die Anordnung des Innern und die umliegende wilde Natur. Man erhält zum Frühstück Suppe, Fleisch und Wein, in den Refectorien. In den langen Kreuzgängen ist auf dieser achttausend Fuß hohen Einöde die größte Bewegung. Die 10 bis 12 jungen Geistlichen des St. Bernhard vom Orden des St. Augustinus, in ihrem langen, schwarzen Rock und der hohen mit Sammt verbrämten schwarzen Mütze, alles geborne Walliser aus angesehenen Familien dieses Cantons, haben ihre Amtsverrichtungen theils für die Oekonomie des Hauses oder für die Pflege und Sorge der Kommenden und Gehenden, theils ihre geistlichen Pflichten, Krankenbesuche und dergleichen durch alle Dörfer des ganzen Berges hinab bis nach Martigny (No. 123.); ein doppelt und dreifach ungemein beschwerliches Berufsleben, in beständigem Kampfe mit der Noth, der Gefahr und dem Elend. Ihre kleine Hausapotheke reicht weit hinaus durch die Thalwinkel. In den vordern Räumen des Klostergebäudes kommen die kräftigen, menschenfreundlichen Hunde der großen Bernhardiner Race den Fremden wie ihren Herrn wedelnd und liebkosend entgegen; ihre Kunst die Wege aufzuspüren im wildesten Schneegestöber ist bekannt; mit der Flasche Wein und einem Brot an den Hals gebunden, kommen sie stundenweit, wie wohlthätige Genien, jeden Abend in der Dämmerung oder der sinkenden Nacht den verirrten oder erschöpften Wanderern auf der unwirthbaren Höhe entgegen, und haben so schon vielen Menschen das Leben gerettet. Der Pater Clavandier oder Kellermeister führt gern im Hof und Keller herum; es sind vier große reichgefüllte Keller, nur etwa 8 bis 10 Fuß unter der Erde gelegen, und doch gefriert darin nichts. Der hoch aufgethürmte Schnee um das Kloster, der selten ganz fehlt, ist seine wärmende Decke. Der Wein hält sich hier 50 Jahre; meistens aus dem Aostathal, weniger aus dem Wallis; die größten Weinfässer, die hier der ganzen Welt unentgeltlich spenden, ohne leer zu werden, sind 7 Fuß hoch 11 Fuß lang. Das Brotkorn muß aus Aosta und St. Pierre heraufgebracht werden; das Holz muß 5 Stunden weit vom Col de Ferret (No. 93. u. 104.) im August und Sept. mit 50 bis 60 Pferden und Maulthieren herbeigeschafft werden; das gibt die theuersten Vorräthe: denn erst zwei Stunden tiefer als das Hospiz fangen die dürren Lärchenwälder sparsam sich zu zeigen an. Oben, auf der wilden stürmischen Höhe sieht man keinen Baum, keinen Strauch; so weit das Auge reicht, nur starre Felsenmassen, grünlich, grau und schwarz gefärbt durch magre Flechtenüberzüge. Die tieferliegenden Alpen geben dem Kloster Käsevorrath, der in wagenradgroßen, runden Käsen einen eignen Keller füllt, der wie eine Bibliothek geordnet ist. Welche Vorräthe werden hier nicht verzehrt! Heute lagern 30 Rekruten in den Kreuzgängen auf Streu, und in den Zimmern sind die Fremden vertheilt; am letzten Sonntag hatte das Kloster 200 Gäste; in Kriegszeiten, wie viele Regimenter zu beköstigen! Zu Napoleons Zeiten zogen ganze Armeen hier durch, die für Bons gespeiset werden mußten. Wenn gegenwärtig in manchem Jahre 5000 Engländer den Genfer See bereiset haben, so sind wenigstens 3000 hier durchpassirt. Im Jahr 1818 gab das Kloster 31,078 Mahlzeiten aus; die jährliche Ausgabe überstieg 50000 Franken; jährlich passiren nach einer Mittelzahl 8 bis 9000 Menschen den Paß. Eine Kapelle stand hier seit dem Jahre 832. Seit 962 der Abt Bernhard von Aosta eine milde Stiftung anlegte, und Bernhard von Menthon, Canonikus, als Klausner im eilften Jahrh. hier ein Wohlthäter der Menschheit ward, besteht das ehrwürdige Institut, dessen ältere Geschichte leider durch mehrmalige Feuersbrünste ihre Dokumente verloren hat. Auch die großen Güter, die es im J. 1460 noch in Sicilien, Italien, England und den Niederlanden hatte, gingen verloren. Die letzten wurden

wurden ihm im J. 1752 durch eine päbstliche Bulle entrissen. Seitdem wird es nur durch Almosen aus dem Wallis, dem Canton Bern und dem protestantischen Helvetien und Deutschland aufrecht erhalten. Das größte Verdienst haben in neuerer Zeit um seine Verbesserung einige edle Bewohner der Stadt Genf sich erworben. Durch Prof. Pictets Fürsorge werden seit 1807 meteorologische Beobachtungen auf der Höhe des Hospizes gemacht. Das Kloster im südwestlich streichenden Felsthale liegt demnach 7476 Fuß über dem Meere. Nördlich davon liegt ein Felshorn aus Gneuß gebildet, 8418 Fuß hoch, der Chenalletaz mit dünnem Rasen bedeckt. Vom Montmort, dem Todtenberge (No. 108.) aus Granit, stürzen die mehrsten Lawinen in den Thalgrund des Hospizes herab, und füllen ihn fortdauernd mit Schnee an. Der kleine See ist in einer Viertelstunde zu umgehen, nur 33 Fuß tief, 8 bis 9 Monat mit Eis belegt, das zwei bis drittehalb Fuß dick wird; in seinem kalten Schneewasser kann aber auch das übrige Jahr hindurch keine Fischbrut gedeihen, es fehlt ihm also selbst die Alpenforelle. Das höchste Horn über dem Hospiz des St. Bernhard ist gegen N. O. der Mont Velan oder der Sonnenberg (No. 110.), der auf der Ost- und Nordseite bis zum Gipfel mit Eis und Schnee bedeckt ist. Er wurde zuerst von dem ehrwürdigen Prior des Klosters, Murrith, erstiegen, der sich vielfache Verdienste um das Wallis erwarb; seine Höhe ist 10,327 Fuß. Der Mont Dronaz (No. 106.) im West des Hospiz, 9005 Fuß. Der mittlere Barometerstand des Quecksilbers ist im Hospiz 20 Zoll 11 Lin. Pariser Maaß; unter dem sehr verminderten Luftdruck kocht dort das Wasser schon bei 73° 8′ Reaumür; Fleisch und andere Speisen werden daher, hier oben, beim Kochen minder erhitzt als im Thale, und müssen um so längere Zeit kochen als in der Ebene, 5 bis 5½

Stunde, um genießbar zu werden, was bei dem Holzmangel sehr beschwerlich ist. Die Luft ist nach hygrometrischen Beobachtungen dort, der vielen Nebel ungeachtet, trockner als in dem Thale; aber desto feuchter ist die Luft im Innern des Klosters, das 8 Monat unter Schnee vergraben liegt, während welcher Zeit die Mauern im Innern des Gebäudes bis 5 Linien dick mit sogenanntem Rauchreif überzogen sind. Die Kälte steigt nur selten über 17 Grad unter den Gefrierpunkt; doch stand sie schon auf 20, 23 bis 27°. Die verdünnte Luft der Höhe kann nicht Jeder vertragen, zumal den Engbrüstigen wird sie beschwerlich; die Wunden heilen oben nur langsam; wehe dem, der dort seine Glieder erfriert oder sie ganz verliert! Die rauhe Luft und die strenge Lebensart macht, daß die mehrsten der Chorherren, die sich jenem Orden weihen, selten über 35 Jahre alt werden, die meisten nur 20 bis 30 Jahre; nur starke Constitutionen können oben aushalten. Die Wechsel in den Monaten März, April, Mai sind am nachtheiligsten; die Monate Juli, August, September allein haben ihre angenehmen Tage; im Jahre 1816 verging keine Woche ohne Schnee im ganzen Jahre; der See thaute das ganze Jahr nicht auf; man wußte sich aber zu helfen, und schob am 30sten August auf der Eisdecke des Sees Kegel. Bäume sieht man erst 1½ Stunde tiefer, nämlich Nadelholz; nur niederes Wachholdergestrüpp rankt hie und da in Felsklüften, und die kriechenden Krüppelweiden, Salix herbacea, Azalea procumbens u. dgl. Heidelbeer- und Zwergmispelbüsche blühen, aber Früchte setzen sie nicht an; doch besteht im Umfang von 1½ Stunden um das Hospiz die Flora noch immer aus etwa 400 Arten Alpenpflanzen, die nur diesen Gipfeln, wie dem hohen Norden der Erde angehören. Hat man nun noch die kleine Sammlung römischer Alterthümer gesehen, die meist auf dem Plan Jovis, den oft römische Legionen überschritten, aber keineswegs punische (d. i. Karthagische, von denen die Etymologen gern den Namen der Penninischen Alpen und des Jupiter Penninus, dem hier ein Altar geweiht war, ableiten wollten) ausgegraben, und hier oben wohl verwahrt wurden, und hat man zur Sparbüchse in der Klosterkirche mit dankbarer Gesinnung seinen Beitrag zur Erhaltung dieser, die Menschheit ehrenden Anstalt niedergelegt, so verläßt man die Höhe des Hospizes nach dem Wallis hinab. Aber man muß dicht am Kloster am ersten Todtenhanse vorüber, in welchem zwischen Schnee und Eislagen die Leichname der Verunglückten auf einer Bank von Knochenhaufen ausgestreckt liegen, damit Vorübergehende die Ihrigen wiedererkennen mögen. Von dieser Chapelle des Morts führt der Bergweg hinab über Granitfelsen durch die wildeste Einöde voll Grausen und Zerstörung über den Drancefluß, in etwas größerer Tiefe zum zweiten Beinhause, das mit den Gebeinen der Verunglückten ebenfalls gefüllt ist. Der schnelle Wanderschritt, durch das Schaudervolle jener Höhen beschleunigt, führt in zwei guten Stunden nach dem Flecken St. Pierre (No. 112.), dessen Bewohner vom Transport des Gebirgspasses, als Führer und Maulthiertreiber, leben. Die ziegelrothen Dächer in dieser grauen Gebirgswüste sind die erste, freundliche Erinnerung an ein bebauteres Tiefland; hier wird doch schon wieder Heu gemacht; eine halbe Stunde tiefer trifft man das erste Kornfeld, freilich noch grün wie Saat. Bei dem schönen Dorfe la Dranse (No. 114.), welches auch Liddes heißt, zeigen sich die ersten großen saftigen Wiesengründe; um Orsières (No. 115.) ist schon Weizenernte, die Garben, mit Sensen geschnitten, werden auf Maulthieren und Eseln in die Scheuern gebracht. Hier trifft man nun

zum

zum ersten Male wieder ein einfaches Fuhrwerk, den Ochsenkarren, der aus dem Hochgebirge verdrängt ist. Bei Orsières stößt das Val Ferret zum Dransethal, und bei St. Branchier (No. 117.) das Bagnethal (No. 118.), das durch seine Verwüstungen, im Jahr 1818, für das ganze untere Wallis so berühmt geworden ist. (S. Escher über die Zerstörung im Banienthal, Juni 1818; Notice sur la Vallee de Bagnes in der Bibl. Univers.; Courses dans la Vallée de Bagnes, Vevey etc.). Der Getroz-Gletscher im hintern Bagnethal füllte durch einen ungeheuern Eissturz den Thalgrund, wie der Brenva (No. 54.), bildete dadurch einen großen 200 Fuß tiefen und 12000 Fuß langen Alpensee, wo bisher Alpenweiden lagen; als die Wasserwucht zu mächtig ward, sprengte sie den ihr vorliegenden Gletscherdamm, riß ihn selbst, sammt den anliegenden Felsen- und Thalseiten mit unermeßlicher Gewalt nach der Tiefe fort. Mit Windeseile wälzte sich die Wasserfluth, 5 mal wasserreicher als der Rheinstrom bei Basel, durch das enge Alpthal von Bagne. Der hohe Wasserberg riß alle Sennhütten, alle Rasendecken der Alpwiesen, alle Wälder, alle Dörfer, die in seinem Bereiche waren, mit fort nach der Tiefe, und verheerte über St. Branchier das schön cultivirte Alpthal bis zur Stadt Martigny (No. 123.), deren vorliegender Flecken (No. 122.) fast ganz zerstört, zur Hälfte mit Schlamm gefüllt ward bis unter die Dächer der Häuser. Der Schaden war unberechenbar. Der Stadtrath gab die Summe der fortgerissenen Wohnhäuser zu 353 an, außer vielen Brücken, Mühlenwerken, Matten, Wäldern, Pflanzungen u. s. w. Die gemauerten Uferdämme der Rhone bei der Stadt wurden auf eine Strecke von 1000 Klaftern eingerissen; die Rhone stieg nicht aus ihren Ufern, wurde aber durch den queerdurchsetzenden Gebirgsstrom getheilt, und auf eine Strecke zum Rücklaufe thalaufwärts gezwungen, indeß die Mündung gegen den Genfer See hin still stehen mußte. Die Menge der abgelagerten Trümmer in der Ebene von Martigny zerstörte die dortige Ernte; man berechnete, daß 6000 Lastwagen sie kaum von den Trümmern zerschmetterter Hütten und Wälder zu befreien im Stande seyn würden. 30,000 Tagearbeiten wurden nothwendig erachtet, die Wasser wieder einzudämmen, denen eine halbe Stunde freie Bahn gab. So wirkten die Naturkräfte zur Unzeit, und gestalteten die Oberfläche der Erde um, als ihnen noch keine feste Grenze ihrer Gewalt gesetzt war.

Das Städtchen Martigny im Unter-Wallis ist mit seinem Eingange über dem Col de Balme (No. 89., s. oben) bekannt genug. Auf diesem Wege wird die Rundreise um den Montblanc leicht beendigt.

Anhang.

1.	l'Arve, Rivière.	1.	Arve, Fluß.
2.	l'Arveyron, Torrent.	2.	Arveyron, Wildbach.
3.	la Diozaz.	3.	Die Diozaz.
4.	le Bonnant, Torrent.	4.	Bonnant, Wildbach.
5.	le Chapil, Torrent.	5.	Chapil, Wildbach.
6.	la Doire, Rivière.	6.	Dora baltea, Fluß.
7.	le Buttier, Torrent.	7.	Büttier, Wildbach.
8.	le Foron, Torrent.	8.	Foron, Wildbach.
9.	la Giffre, Rivière.	9.	Giffre, Fluß.
10.	Lac de Girotta.	10.	See Girotta.
11.	la Dranse, Rivière.	11.	Dranse, Fluß.
12.	le Rhône, Rivière.	12.	Rhone-Strom.
13.	Trient, Rivière.	13.	Trient, Fluß.
14.	l'Eau noire, Torrent.	14.	Schwarzwasser, Wildbach.
15.	la Barberine, Torrent.	15.	Barberine, Wildbach.

FSC
www.fsc.org
MIX
Papier | Fördert
gute Waldnutzung
FSC® C083411

Kolibri 360 GmbH
Ferdinand-Jühlke-Straße 7
99095 Erfurt, Deutschland
produktsicherheit@kolibri360.de